図解でよくわかる

圖解
土壤微生物

土壤微生物のきほん

橫山和成　著
鍾文鑫　譯

五南圖書出版公司 印行

我現在終於了解了，拉普達會滅亡的原因
就在肯得亞山谷的歌詞之中
根要紮在土壤裡，和風一起生存
和種子一起過冬，和鳥兒一起歌頌春天
不管你擁有了多麼令人害怕的武器
不管你操縱了多少可憐的機器人
只要離開土地就沒辦法生存！

這是宮崎駿的長篇動畫傑作「天空之城」（1986）中，主角希達在劇情最緊湊時刻所喊出的名言。我之所以想將我在年少學生時代看過電影中的一幕，作爲本書出版的祝賀詞是有原因的。希達口中「離開了就無法生存」的「土地」，我作爲研究其生物豐富的研究人員，已有超過二十年之久。長期研究的結果，我們終於發現「所謂的土地豐饒度是可以透過乘法，藉由土壤中無數微生物的多樣性與它們的活性（有機物的分解）量，來計算取得數值化」。

取得這項發現的漫長旅程，讓我確信了「豐饒的農業土壤」是支持整個人類文明的基本根源，而讓農地得以維持豐饒的，則是除了「土壤微生物生態系」之外，別無其他。要說爲什麼的話，在被評價爲「豐饒」的土壤中，每1公克的土壤中就有超過1兆個微生物的存在。爲了取得這個計算結果，必須將發光的土壤微生物DNA置於顯微鏡下觀察。在漆黑的土壤粒子中，我看見了簡直會讓人錯以爲是天空的銀河一般、閃閃發亮的生命的光輝。從平常我們踩在腳底下，欠缺自我意識，被當作是不起眼存在的土地之中，我感受到了40億年來從不間斷的「生命」的蓬勃發展與脈脈相承。

用我們開發的評價技術「多樣性・活性」作爲標準來測定我們周遭、甚至是國外的農業土壤，我們發現集結了最新技術的精華，在世界各地施行的工業化農業，這項技術本身的非永續性，也就是無視自然營運法則的後果——在半數以上施行農耕的土地，都發生了土壤荒廢的現象。而在所有的先進國家中，只有一個國家，只有日本，在經濟發展的同時，仍保護了多數的土地，使其不致於受到破壞。

面對這項事實，我們除了發自心底敬畏那些撫育我們的先人們的智慧、他們對於土地的熱情，以及孕育這份熱情的深遠歷史與文化之外，也深刻認知到我們與後代子孫的「生命」，是由在世界的角落，貫徹悠久歷史的豐饒土壤和多樣微生物的「生命力」所守護的。

在這部拙作的最後，我對於能夠向世界各地因爲氣候而持續面臨糧食生產困難的人們，提供勇氣以及解決的具體方法，同時對於作爲人類偉大文化遺產的微生物，能夠從事將其重要性傳遞出去的活動，我打從心底感到光榮。除此之外，最重要的是，在活著的時間內，我都希望能從微生物的長生之術中竭盡所能的去學習。

希望我們不會有因爲遺忘了土地而滅絕的一天……。

2015年5月　橫山和成

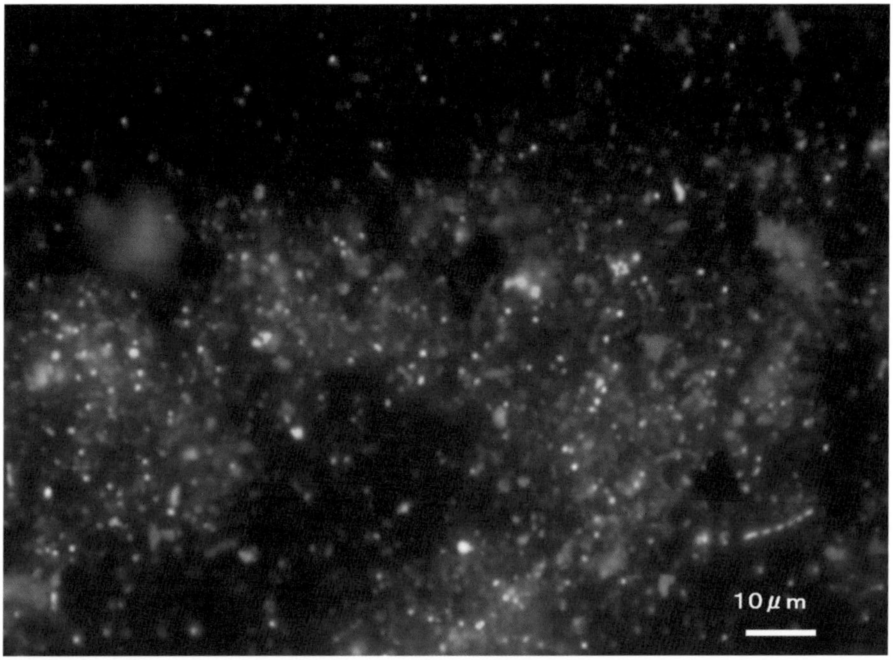

「土壤中的銀河」。土壤中微生物 DNA 發光的顯微鏡照片

圖解土壤微生物

第5章 不需要有機物質的土壤微生物

第6章 生長在根周圍的土壤微生物

第7章 寄生在根的土壤微生物

第8章 土壤特性與土壤微生物

第9章 使土壤肥沃的土壤動物

第10章 農耕地的食物鏈與物質循環

第11章 活用土壤微生物的最前線

小專欄

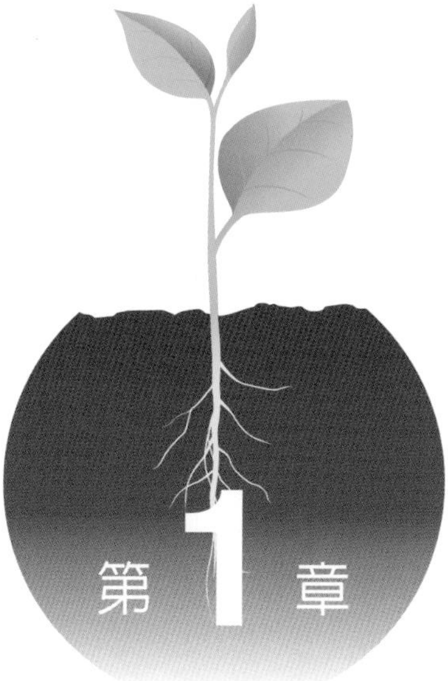

第1章

什麼是土壤微生物？

人類與微生物的關係

富含飲食的發酵食品

聽到「微生物」這個名詞，最初浮現的印象可能是「眼睛看不太到、科學家要利用顯微鏡研究之不熟悉的生物」。但是微生物在漫長的人類歷史中，已自然而然地融入了日常生活，且是非常有益的存在。當然，當微生物以個體細胞存在時幾乎無法被發現，但當它們聚集成一個群體時，便可以產生巨大的力量。

特別是發酵食品，我們每天都能自其中的微生物獲得益處。發酵食品是「利用微生物的力量所製造的食物」，在日本的飲食文化中是不可或缺的。

例如，「酵母菌」類型的微生物，可將糖分解成乙醇和二氧化碳。因此，葡萄的糖分可被酵母菌發酵產生葡萄酒，而麥芽糖可被發酵產生啤酒。清酒、味噌、醬油等則可藉由同屬黴菌成員的「麴菌」來製成。此外，作爲細菌成員的「乳酸菌」可產生優格，「納豆菌」可製造納豆。總而言之，在日本，受益於微生物而產出的食品不勝枚舉。

用微生物的力量治療疾病！

在醫院的處方箋中常聽到「抗生素」，這也是借助微生物所製造的藥品。由「眞菌」類中的青黴菌所製成的青黴素，與自「放線菌」類中的微生物中所分離出來的鏈黴素，兩者皆以治療傳染病而聞名，迄今已開發出各種抗生素。最近，微生物的使用範圍進一步擴大，例如透過大腸桿菌的遺傳重組技術製備抗癌藥物，或研究以細菌治療癌症。

保護地球環境的微生物

微生物在環境淨化方面也很活躍，來自食品工廠與廢水處理廠的廢水，可透過微生物的力量進行淨化和處理。另外，亦可利用微生物淨化從工廠中排出含有汞、鉛、六價鉻、戴奧辛、聚氯聯二苯（PCB）等有害物質的土壤和水。最近，由於油輪事故等原因，導致海岸被油汙染，進而開發了一種稱爲「生物復育（Bioremediation）」的技術，透過使用微生物來淨化被油汙染的海岸（142頁）。

微生物在各個領域的應用實例

用於食物

使用微生物製作之「發酵食品」，如味噌、醬油、起司、納豆、優格、麵包等，酒類如啤酒、葡萄酒及清酒等

用於醫療

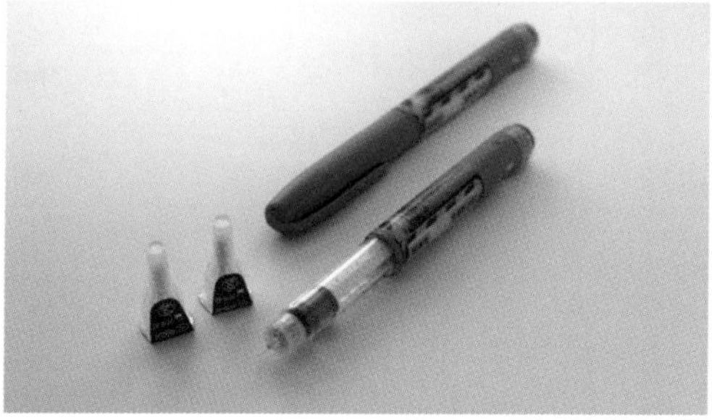

治療糖尿病的藥物、青黴素與鏈黴素等抗生素，都是在微生物的幫助下所製成

用於環境淨化

活用微生物的技術，可淨化工廠排放的廢水與受油汙染的海岸

從地球的誕生到生物的演化

生命的祖先是無機物質!?

地球誕生於約46億年前，那時候的地球處於充滿熔岩的狀態，但是在漫長的時間裡，熔岩變成了岩石，當地球表面的溫度下降到大約300℃時，水蒸氣上升造成降雨，並形成了海水。這個時間點大約是40億年前。當時天空和海洋中沒有任何生命體，只有二氧化碳與氮等無機物質存在。最終，由於各種自然現象的刺激，而發生化學反應，由無機物質開始形成有機物質，如胺基酸和核酸等，這些物質透過濃縮而成爲生命起源的細胞。

氧氣的出現演化出生命形式

最初於海中誕生的生命體，以海洋中的有機物質作爲食物而生存下來，但隨著時間流逝，有機物質很快被消耗殆盡，導致生命體面臨滅絕的危機。同時卻也誕生了能將光能與無機物質轉換成有機物質的微生物，就是今天仍然存在之「硫細菌」的祖先。在硫細菌中，出現了可透過光合作用產生氧氣的微生物（藍綠藻之類等），增加了環境中的氧氣量。上述事件大約發生在35億年前。

由於氧氣的增加，進而形成臭氧層，亦減少了紫外線對生命體的爲害。大約19億年前，出現了微藻與眞菌等眞核生物；而大約10億年前出現了大型藻類，植物與動物從這時候開始進化，約4億年前生命體開始登上陸地。

微生物進化的多樣性

目前存在的生物，最初都是來自海洋中的藍綠藻，進而演化成動物、植物、眞菌等，具有各式各樣的種類與形態。

最初出現的藍綠藻與細菌屬於被稱爲「Monera」的一群微生物，因爲它們沒有細胞核，所以又稱爲「原核生物」；而原生動物、藻類、黴菌（菌類）等具有細胞核的微生物，則被稱爲「眞核生物」。一般來說，菌類是黴菌、酵母菌及蕈類的通用名稱，在學術上被歸類爲「眞菌」。此外，「原生動物界」的生物包含草履蟲、變形蟲等原生動物和藻類等。

依目前的分類方式來看，生活在土壤中的微生物，主要以細菌與眞菌占大多數，而藻類與原生動物所占比例小。

生命演化的過程

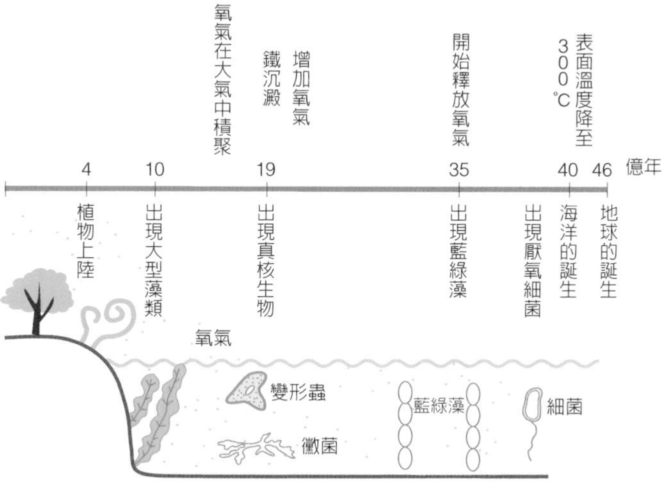

生物分類的的演化（惠特克的五界說）

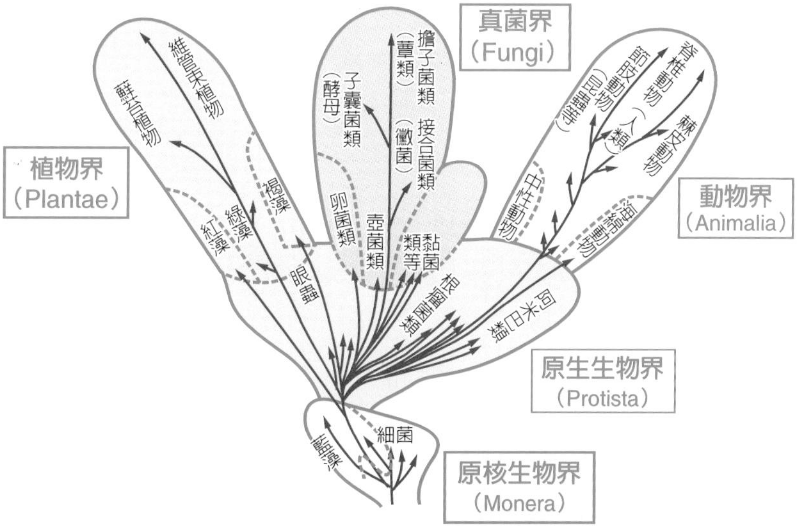

微生物在生物世界中的位置

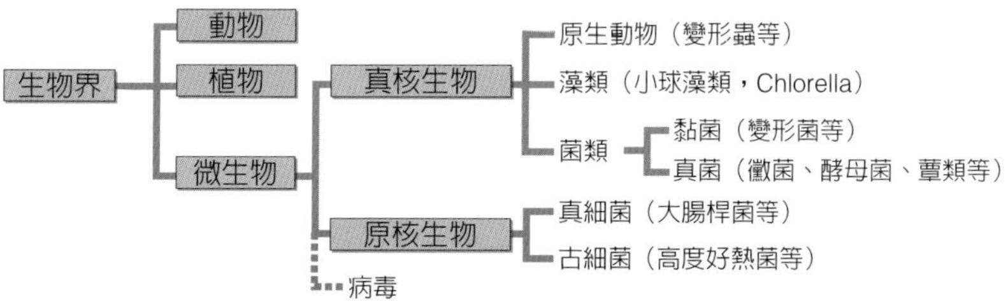

土壤微生物的基本構造與大小

土壤微生物的種類與數量

土壤中有多少微生物？土壤的環境條件因森林、旱田、水田等不同生態環境而異，因此棲息在土壤中之微生物的種類與數量自然會有所不同。一般來說，當旱田面積為10英畝且深度為10公分的土壤中，存在約700公斤的土壤生物。其中約70%是眞菌，25%是細菌與放線菌，5%是土壤動物。此外，由於旱田的水分很少，土壤中的藻類與原生動物較水田少。另一方面，由於水田含水量高，導致含氧量低，因此需要氧氣的黴菌非常少，不需要氧氣的「厭氧菌」（第18頁）較多。

土壤微生物的基本構造與大小

土壤微生物可大致分為「細菌」、「放線菌」、「眞菌（黴菌、酵母菌、蕈類）」、「藻類」及「原生動物」（病毒除外）。其中，細菌是土壤微生物中體積最小的，通常在1微米左右。細菌依其細胞的形狀可分成球形的「球菌」、管狀或棒狀的「桿菌」、螺旋狀的「螺旋菌」及彎曲狀的「弧菌」等。細胞被細胞壁包覆，但由於細菌是原核生物，所以沒有能容納DNA的細胞核。此外，細菌只有一條DNA，與具有兩條DNA的高等生物相比，在只有一條DNA的情況下，遺傳上更容易發生變化，這意味著由於環境改變，細菌可能會出現各種形態的細胞。

眞菌種類具有多樣性，包括黴菌、酵母菌及蕈類。眞菌細胞被較硬的細胞壁包覆，且外觀為管狀。眞菌可透過菌絲以放射線方式生長，且具有產生孢子的特性（酵母菌除外）。菌絲相對較大，直徑為3～10微米，肉眼可以觀察到伸長的菌絲。黴菌和酵母菌的特徵在於它們的菌絲伸長，黴菌是透過分枝反覆生長的菌絲，以束狀方式形成蕈類；而酵母菌以單一細胞（單細胞）、非菌絲狀態的方式生長。

放線菌具有細菌與黴菌的特性，它與黴菌同樣具有延伸的菌絲，但被歸類為與細菌相同之原核生物。放線菌的菌絲直徑小於1微米，在土壤中數量很多，具有形成「土壤臭味」的特異性。

原生動物的細胞和動物一樣，不具有細胞壁，只包覆著薄薄的細胞膜。原生動物形態多樣，包含帶有鞭毛的眼蟲與可自由變形的阿米巴原蟲。

棲息在旱田土壤中的微生物種類與比例

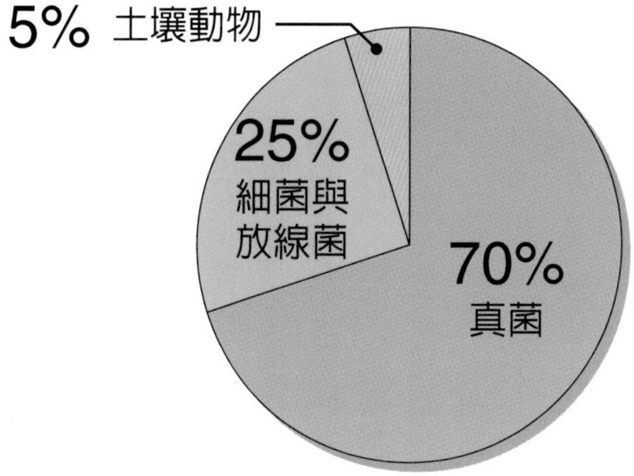

土壤中棲息的微生物比較

	種類	形態	大小	棲息在表土 15 公分深之微生物的重量（公克／平方公尺）
土壤微生物	原生動物	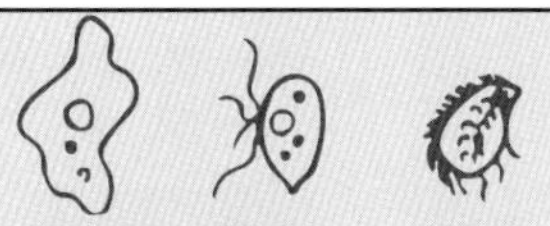 阿米巴 鞭毛蟲 纖毛蟲	10～10 微米	2～20
	藻類	 藍藻 綠藻	100 微米～10 微米	1～50
	菌類	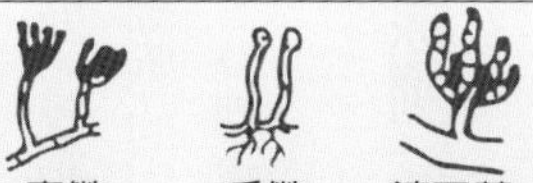 青黴（*Penicillium*） 毛黴（*Mucor*） 鐮刀菌（*Fusarium*）	菌絲寬 30 微米～100 微米	100～1,500
	放線菌	 直線狀 螺旋狀 輪生狀	菌絲寬 10 微米程度	40～500
	細菌	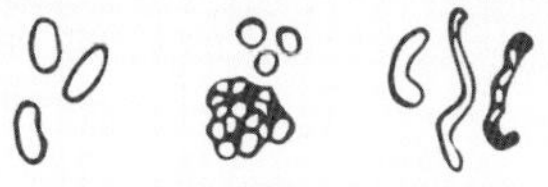 桿菌 球菌 螺旋菌	10 微米程度	40～500

棲息在 1 平方公尺、15 公分深之土壤中的微生物重量

（資料來源：藤原俊六郎「新版 圖解 土壤基礎知識」農文協）

微生物活動與繁殖的方式

微生物在短時間內迅速增加！

微生物的特徵是具有活性且非常活躍，故增殖速度很快。以一個成年男子來說，每小時呼吸所消耗的氧氣約18公升。相反的，某些種類的細菌，就算有1億個細胞聚集，其所消耗的氧氣也才約0．03公升。然而，若以人體與細菌的重量比例換算，人類所消耗氧氣的量只有細菌所消耗的1％。此外，雖黴菌與酵母菌耗氧量不如細菌強，但它們卻具有比人類吸收更多氧氣的特性。微生物體積雖小，然每單位體積的表面積增加，可以增加從細胞外部吸收物質的量。能夠吸收大量氧氣，意味著其活動能力更強，因此生長繁殖速度也更快。

由一個細胞變爲兩個細胞所需的時間稱爲「世代時間」，大腸桿菌（一種細菌）所需的世代時間約20分鐘，而酵母菌約2小時。以人類壽命約80年來計算，就可想像微生物增殖的速度有多快。不過，這些世代時間是指在生長環境條件最好的情況下所需的時間，實際土壤中的生長環境有可能非常差，因此細菌與酵母菌並非總是以前述的時間快速繁殖。

細菌增殖的方式

細菌被分類爲原核生物，細胞中沒有細胞核，在細胞內有一條裸露的DNA。隨著細菌的生長，細胞成分會增加一倍，當增加到一定程度時，會從一條DNA複製出另一條相同的DNA。細胞中的兩條DNA會各自往細胞的兩端移動，之後會以細胞的中間部分作爲邊界，分裂成2個細胞。

真菌與放線菌增殖的方式

黴菌會產生孢子，而孢子可發芽形成菌絲，菌絲持續生長，最終會再產生孢子。一般來說，眞菌孢子具有性別差異，透過交配產生的孢子被稱爲「有性孢子」；而不經過交配，從一個細胞無性繁殖產生的孢子被稱爲「無性孢子」。是否形成有性孢子或無性孢子，取決於環境條件，而土壤中的黴菌大都產生無性孢子。另一方面，不產生菌絲的酵母菌，則是自母細胞以萌芽方式產生後代孢子，因此細胞以「出芽」方式分裂進而增殖，這是大部分酵母菌增生的方式。放線菌基本上也可產生菌絲，但產生菌絲的寬度與長度都比黴菌短。

土壤主要微生物的增殖

細菌

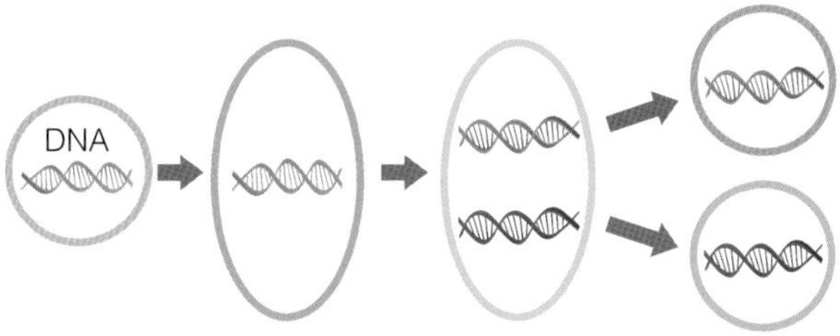

由 1 條 DNA 複製成 2 條，再藉由將 2 條 DNA 分開而分裂成 2 個細胞（二分法）

真菌

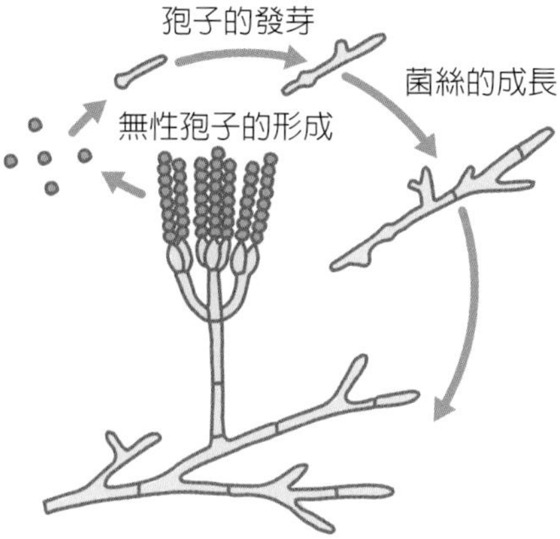

藉由菌絲的延伸，在菌絲體上形成大量孢子，並飄散發芽變成菌絲持續生長

放線菌

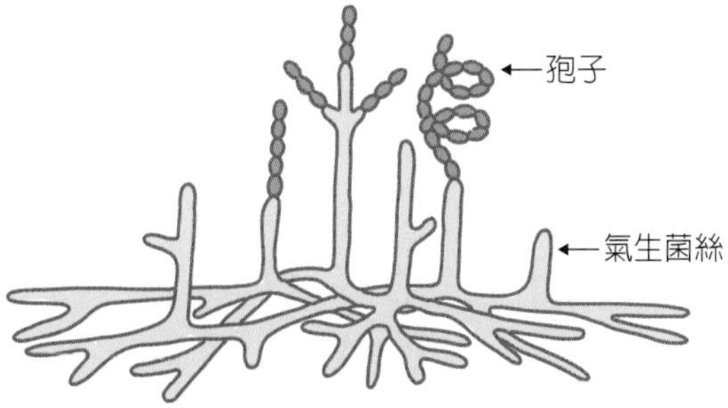

孢子在垂直生長的菌絲（氣生菌絲）上形成，並飄散發芽後變成菌絲持續生長

微生物的營養

微生物也需要食物

對於動植物而言，爲了生存，必須從外部攝取營養物質。目的有兩個，一爲確保活動所需之必要能源的來源，二是獲得製造細胞成分所需的必要營養。出於這些目的，微生物與人類一樣，需要以某種方式來攝取醣類、脂肪、蛋白質、鈉、磷、鈣、鎂等作爲養分。

醣類與脂肪是作爲能量的主要來源，蛋白質用於製造細胞成分，而鎂等微量元素則於製造細胞成分時作爲增強和代謝用。爲了獲得能量，微生物與人類相同，必須合成「ATP（三磷酸腺苷）」的物質，因此必須要有磷元素。此外，因維生素也可以在微生物體內合成，故不需要像人類那樣從食物中獲取維生素。

微生物取食何種食物？

微生物要吃什麼過活？微生物的種類不同，所需營養源亦不同，主要可分爲兩種：第一種類型是像人類一樣透過分解有機物質來獲得營養，另一種類型是以二氧化碳等作爲碳素源，並使用無機物質與光來獲得營養。前者利用有機物質的微生物被稱爲「異營性微生物」，而後者利用無機物質的微生物則被稱爲「自營性微生物」。此外，與植物一樣，能利用光進行二氧化碳同化的微生物，被稱爲「光合自營性微生物」。

自營性微生物的重要角色

異營性微生物透過分解有機物質產生能量，同時也獲得製造細胞成分的營養物質，但自營性微生物與光合自營性微生物，以二氧化碳作爲碳素源，由於必須持續合成有機物質，因此其利用能量的效率遠低於異營性微生物。大多數土壤微生物屬於異營性微生物，而自營性微生物與光合自營性微生物所占的數量很少，然這兩種微生物在維持土壤生態和物質循環（氮、硫等）上扮演著重要角色。

例如自營性微生物的代表「硝化細菌」，當有機物質在土壤中被分解時，會產生大量氨，氨態氮可透過硝化細菌的作用轉化爲硝酸態氮，使之容易被作物吸收，因此硝化細菌的存在非常重要。

以碳源獲得方式之差異分類微生物

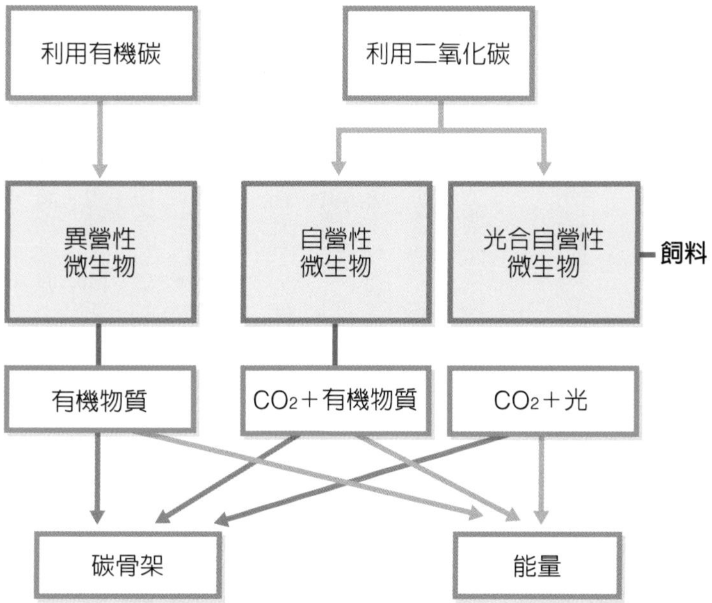

硝化細菌（自營性微生物）的作用

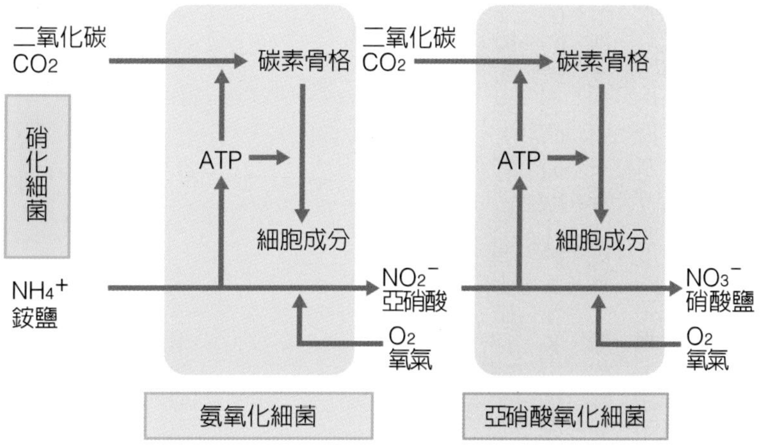

（資料來源：西尾道德「土壤微生物的基礎知識」依農文協部分修訂）

微生物的生長環境與分類

好氧性微生物與厭氧性微生物

微生物可因含氧狀態、溫度、pH值、鹽濃度、水分、光等環境條件，導致生長狀況發生大改變。

陸生動植物需要生活在有空氣的地方，氧氣對於呼吸是不可缺少的重要元素，但對一些微生物而言，即使在沒有氧氣的條件下也能生長。在有氧氣環境下生長的微生物被稱爲「好氧菌」，而在沒有氧氣情況下也能生長的微生物被稱爲「厭氧菌」。此外，在厭氧菌中，有完全不能在有氧環境下生存的「絕對厭氧菌」，以及在有氧或無氧下皆能生存的「兼性（條件）厭氧菌」。由於與大氣不同，土壤中的含氧量很少，因此以厭氧菌爲主。且因氧濃度的差異，土壤微生物的種類也有不同。

任何微生物都有各自喜歡的溫度

牛奶的消毒加工，常以約80℃下短時間滅菌的方式進行。這是一種利用微生物在高溫條件下難以生長之特性，在儘可能不影響品質的前提下，進行高溫處理，目的是殺死牛奶中的微生物。反之，即使在低溫條件下，也存在著微生物不能生長的溫度限制。微生物可以生長的極限溫度稱爲「最高生長溫度」和「最低生長溫度」，最適合生長的溫度稱爲「最適生長溫度」。因此根據微生物對不同生長溫度之需求，可分爲「低溫菌」、「中溫菌」及「高溫菌」。

然而，一般來說微生物對低溫的耐性較高溫強，即使是在最低溫度條件以下，微生物只是被抑制而不會被殺死。因此食物在冰箱中保存數日仍然會腐爛，這證明即使在約5℃的溫度條件下，也有微生物可以生長。

各種環境因素影響生長

微生物有各自最適生長的pH值（氫離子濃度）範圍。一般來說，細菌最適pH值介於7～8，而黴菌與酵母菌的最適pH值則介於4～6，即黴菌與酵母菌對酸的耐性比細菌更強。此外，微生物與其他生物一樣需要水分。根據水分濃度的差異，微生物的生長也會發生變化。通常，細菌對水分的需求比黴菌與酵母菌更高。

另外，微生物對鹽濃度的需求亦不同，可分爲「非好鹽菌」、「微好鹽菌」、「中度好鹽菌」及「高度好鹽菌」。

微生物生長條件的差異

氧氣

分類	性質	主要的微生物種類
好氧菌	必須要有氧氣	黴菌、枯草桿菌、綠膿桿菌、結核菌
兼性厭氧菌	於有氧與無氧條件下皆可生長	酵母菌、乳酸菌、大腸桿菌、大部分細菌
絕對厭氧菌	無法在有氧條件生長	甲烷菌（Methanobacteria）、梭狀芽孢桿菌（*Clostridium*）、大部分光合細菌

溫度

分類	最低溫	最適溫	最高溫	主要微生物種類
低溫菌	-2～5˚C	10～20˚C	25～30˚C	綠膿桿菌、腐敗菌、發酵細菌
中溫菌	10～15˚C	25～40˚C	40～45˚C	黴菌、酵母菌、病原菌
高溫菌	25～45˚C	50～60˚C	70～80˚C	部分乳酸菌

pH

主要微生物	最適 pH 值的範圍	可以生長的 pH 值範圍
一般的細菌	7～8	5～9
乳酸菌、酪酸菌	5～7	4～8
黴菌、酵母菌	4～6	2～7

鹽濃度

分類	最適鹽濃度
非好鹽菌	2%以下
微好鹽菌	2～5%
中度好鹽菌	5～20%
高度好鹽菌	20～30%

什麼是「極端環境微生物」？

●微生物的生命力很恐怖！

地球上很多微生物可適應並棲息在各種不同環境。在一般微生物不能生存之特殊環境下卻能生長的微生物，被稱爲「極端環境微生物」。根據其所適應的環境條件，可分成以下幾個種類：

●極端環境微生物的種類與特徵

環境	微生物的種類	特徵
高溫	超好熱菌（高溫菌）	最適生長溫度為 65°C 或更高的微生物，主要棲息在溫泉與熱水出口。在 2008 年，已發現即使在 122°C 或更高滅菌溫度下也能生長的細菌
低溫	好冷菌（低溫菌）	最適生長溫度為 20°C 或更低的微生物，為導致保持在低溫下的食物變質之因子，有些甚至可以在冰點以下生長
高 pH	好鹼性菌	已發現可在 pH 值為 10 或更高時仍能生長的細菌，可作為洗濯劑等
低 pH	好酸性菌	已發現可在 pH 值為 2 或更低時仍能生長的細菌，即使在酸性之胃酸中亦存在微生物
高壓力	好壓菌	已發現可在深海 800 大氣壓下生長的細菌（800 大氣壓約水深為 8,000 公尺處的氣壓）
高鹽濃度	高度好鹽菌	為存活在鹽湖或鹽田等處的微生物，亦有可在飽和食鹽水中生存的種類
有機溶媒	溶媒耐性菌	雖然多數有機溶劑對微生物而言有毒，但在甲苯等有機溶劑中也會有細菌生長

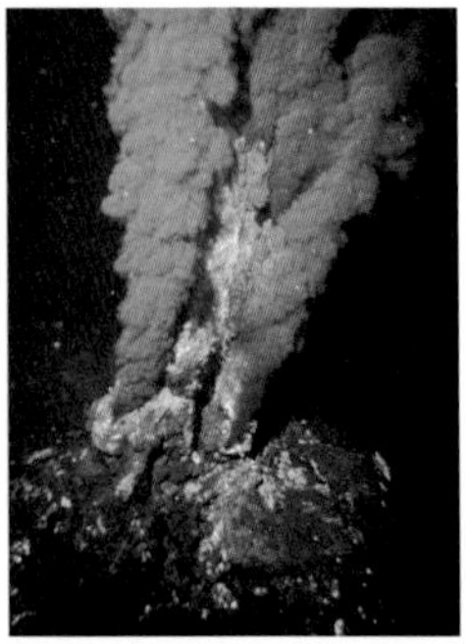

被稱為 Black Smoker、可噴出超過 300°C 熱水的海底極端環境，周圍超過 100°C 的環境中仍有微生物棲息

第2章
土壤微生物的種類

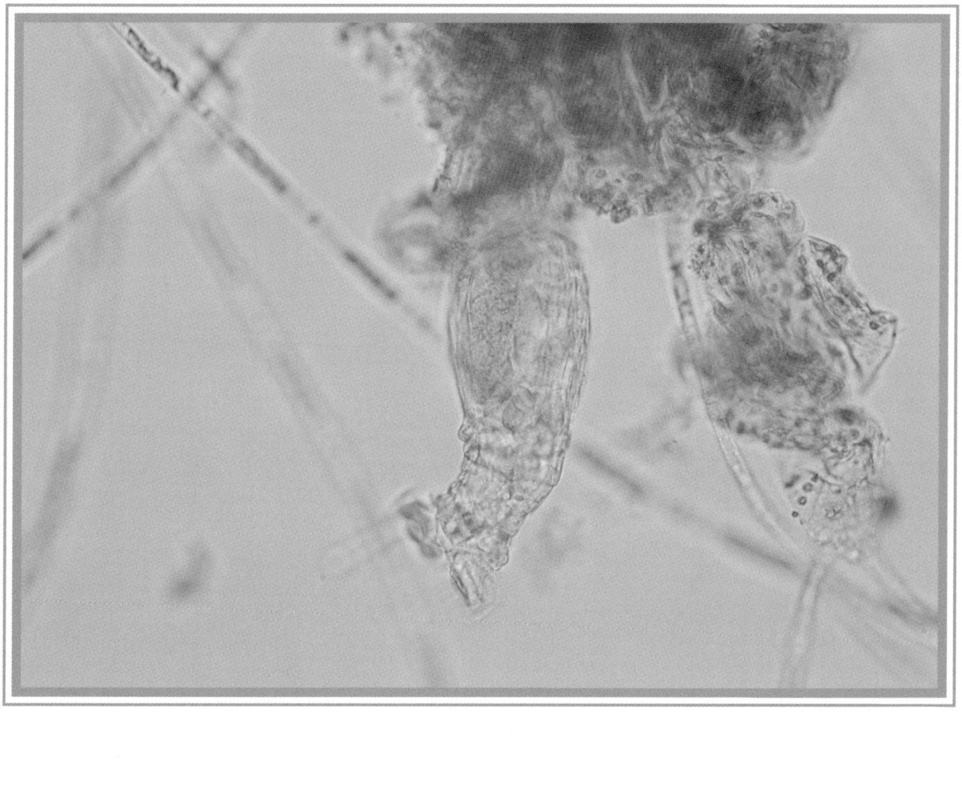

細菌的種類與特徵

細菌的主要特徵

細菌屬於原核生物，細胞透過不斷的分裂而增殖（14頁）。在土壤中有很多種類的細菌棲息，其中大多數細菌可分解動物與植物遺體等有機物質，並獲取活動時所必須的能量與製造細胞成分時所需的營養。

此外，土壤中亦存在如硝化細菌之自營性細菌，使用二氧化碳作爲碳素源代替有機物質，可爲植物製造必要的養分，對氮和硫等物質循環也有很大貢獻。

細菌可以生長的環境條件很廣泛，在會冒出約200℃熱水的深海與零下40℃極冷地區都有細菌生存。此外，還有即使沒有氧氣也能生長的細菌（厭氧細菌），細菌可以說是非常具有生命力的微生物。

依形狀分類細菌

細菌的大小一般在1微米左右，大一點的細菌約10～100微米。細菌依形狀可分成「球菌」、「桿菌」、「螺旋菌」及「弧菌」。

球菌中還可以再細分出各種形態，如只有單一球狀細胞的「單球菌」、兩個球狀細胞相連的「雙球菌」、四個相連的「四聯球菌」、鎖狀且多數細胞連在一起的「鏈球菌」，以及細胞像葡萄一樣聚集的稱爲「葡萄球菌」。

另外，像大腸桿菌或破傷風細菌等棒狀或圓柱狀的「桿菌」、具螺旋狀的「螺旋菌」、形狀彎曲像逗號的被稱爲「弧菌」，其中霍亂細菌即屬於弧菌。

細菌在土壤中的作用

如上所述，在土壤中存在的細菌，對物質循環提供了很大的貢獻。特別是在豆科植物的根部，可與被稱爲「根瘤菌」的細菌共生，進行固氮作用（具有將空氣中的氮轉化爲氨的能力），賦予植物所必須的營養，具有使土壤豐富的能力。

然而，細菌的存在並非只對植物的生長有益，亦可能成爲爲害植物的「病原菌」。農民時常因作物受到病原菌的爲害而頭疼。例如，水稻受細菌感染所引起的「白葉枯病」、爲害白菜和萵苣的「軟腐病」、柑橘類受細菌感染導致莖枯萎的「柑橘潰瘍病」等例子。

細菌的形態

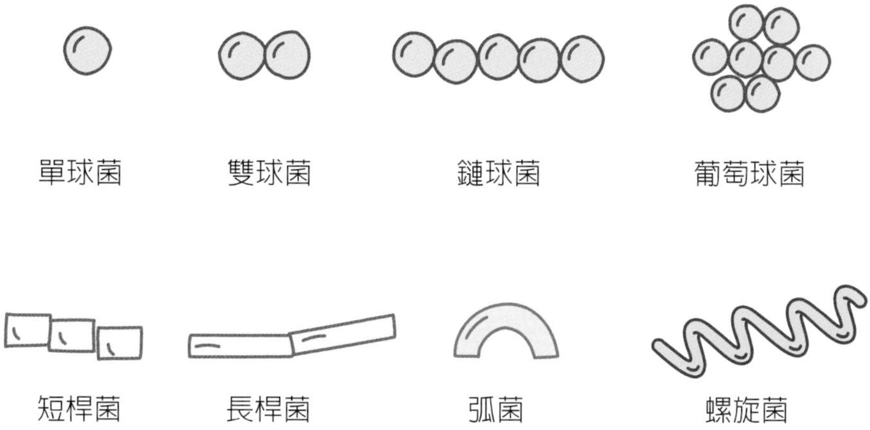

細菌引起的作物病害

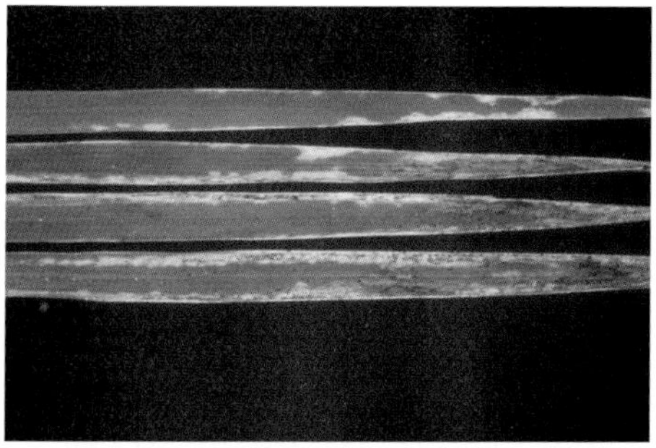

白葉枯病（水稻）

病原菌為 *Xanthomonas campestris* pv. *oryzae*。在葉緣處會形成波浪形的白色葉枯。因重要的葉子被侵染而阻礙水稻結實，導致收成減少

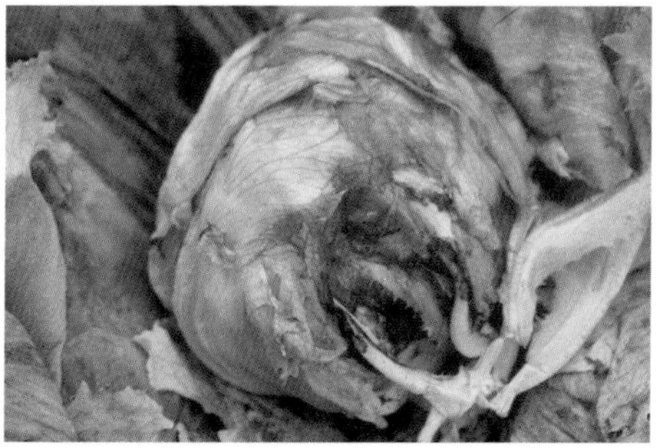

軟腐病（萵苣）

病原菌為 *Erwinia carotovora* subsp. *carotovora*。病斑呈現水浸狀，爾後快速軟化。嚴重時組織溶解成泥狀，並釋放出惡臭

放線菌的種類與特徵

放線菌的主要特徵

被稱爲「放線菌」的微生物，許多人並不熟悉，但其存在於土壤中的數目很多，且有許多放線菌被有效應用於人類的生活中。

放線菌結合了細菌與黴菌的特徵，但在分類學上屬於細菌。雖然放線菌細胞的結構大小與細菌類似，但它和黴菌一樣具有菌絲生長的特性，並在尖端形成孢子。放線菌可分解土壤中的落葉等有機物質，與物質循環有很深的關係，如同細菌與眞菌，對自然生態系有很大的貢獻。

放線菌的有效利用

大多數的放線菌都棲息在土壤中，每公克農業用地土壤有大約10萬到100萬個細胞。放線菌在土壤中以孢子形態存在，當養分和水分等生長條件變好時，就會以菌絲的形態生長，並使土壤形成特有的「土壤惡臭」。

放線菌的形態，包含可產生與不產生「氣生菌絲」的種類，及把孢子包覆起來具有「孢子囊」的種類。放線菌具有分解黴菌等的幾丁質酵素，有助於抑制有害黴菌的產生。

此外，有很多種放線菌可產生抗生素，被當作醫藥品廣泛用於預防傳染病。自鏈黴素被開發作爲結核病的預防藥物以來，已經陸續從放線菌生產多種抗生素，並用於醫藥品、農藥、家畜的飼料添加劑等。放線菌包含鏈黴菌屬（*Streptomyces*）、諾卡氏菌屬（*Nocardia*）、游動放線菌屬（*Actinoplanes*）等8屬，其中鏈黴菌屬的放線菌最多，約70％的抗生素屬於鏈黴菌屬。除鏈黴菌屬的放線菌外，其他放線菌亦可分泌很強的蛋白質分解酵素與維生素B_{12}，或產生對人體有益的物質。

放線菌的病原性

放線菌不僅僅只有益處，對動植物亦可能有害。代表性例子有爲害馬鈴薯引起「馬鈴薯瘡痂病」的病原菌。此外，可感染人類的「諾卡氏症」，是一種症狀與肺炎非常相似的疾病，會引起咳嗽、咳痰、發燒、呼吸困難等。而「放線菌症」則是一種可引起身體軟組織產生膿腫的疾病，如口、鼻、喉、肺、胃腸道等部位。

放線菌產生的抗生素種類

抗生物質	作　用
鏈黴素	抑制蛋白質合成的藥劑
卡納黴素	抑制蛋白質合成的藥劑
四環黴素	抑制蛋白質合成的藥劑
紅黴素	抑制蛋白質合成的藥劑
利福平	抑制核酸合成的藥劑
博來黴素	抑制核酸合成的藥劑
萬古黴素	抑制細胞壁合成的藥劑

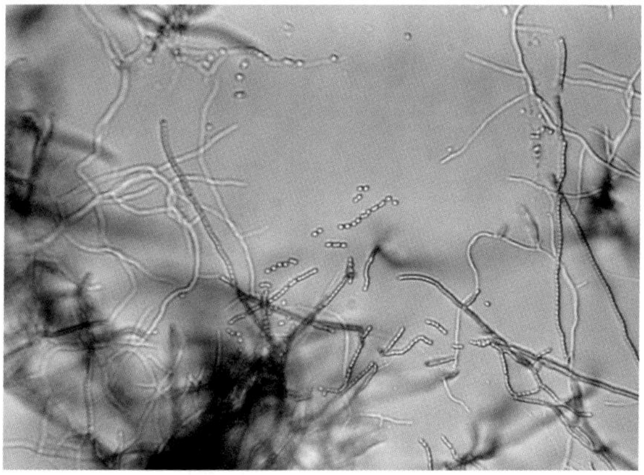

放線菌的代表，鏈黴菌屬的一種

放線菌引起的農作物病害

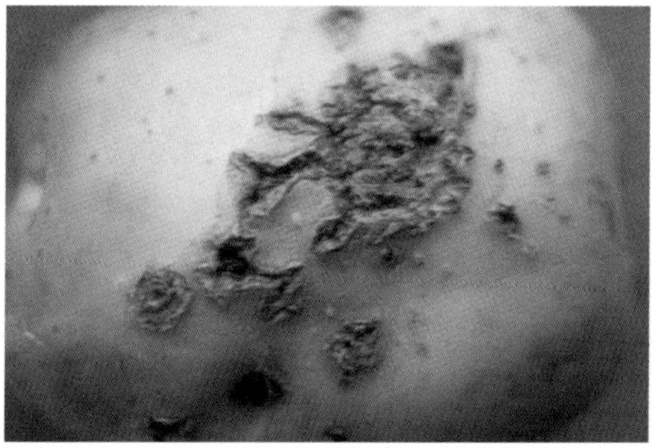

馬鈴薯瘡痂病

薯塊表面木栓化，產生瘡痂狀的病斑，降低商品價值

眞菌（黴菌、酵母菌、蕈類）的種類與特徵

眞菌的種類

一般來說，「眞菌」是黴菌、酵母菌及蕈類的總稱。由於外觀形狀完全不同，很難想像成同一種微生物，但在生態學上的表現非常相似，在分類學上屬於同一群。向外生長菌絲並產生孢子的叫作「黴菌」，不生長菌絲、單細胞狀態下生長的爲「酵母菌」，將菌絲集合起來並產生孢子器官（子實體）的則稱爲「蕈類」。

黴菌的主要特徵

黴菌由菌絲和孢子所組成，菌絲寬度爲3～10微米，用肉眼可以看到生長的菌絲。依據形態的不同，黴菌大致分爲「藻菌類」、「接合菌類」、「子囊菌類」、「不完全菌類」及「擔子菌類」。每1公克耕地表土中存在約1萬～10萬個黴菌，雖然在數量上不及細菌，但以重量換算的話，被認爲是土壤中存在最多的微生物。大多數黴菌都棲息在土壤中，比細菌和放線菌具有更好的有機物質分解能力，對土壤中的物質循環貢獻最大。

然而，有80％的植物病害也是由黴菌所引起，對農作物造成嚴重損害。例如，感染馬鈴薯的「馬鈴薯晚疫病」與感染水稻的「稻熱病」等。農民正爲防治黴菌所造成的各種農作物病害而傷透了腦筋。

酵母菌與蕈類的主要特徵

酵母菌是人類生活中最熟悉的眞菌。某些酵母菌可利用糖作爲營養而發酵產生酒精，因而被用來生產酒類與麵包。黴菌可透過產生孢子而增殖，只有酵母菌不會產生孢子，而以細胞出芽的方式產生後代，隨著不斷分裂而增殖。在自然界中，酵母菌可廣泛存在於樹液、樹木周圍的土壤、空氣、海水等環境。

蕈類與土壤中的黴菌一樣可以菌絲生長，並產生孢子進行增殖，能將動物與植物殘體等有機物質轉化成無機物質，並使其再次返回到土壤。特別是蕈類具有能分解不易被黴菌或細菌分解之物質的特性，如樹木細胞的成分木質素等（第50頁）。另一方面，有可感染樹木，造成「根朽病」病原的蕈類。

黴菌、酵母菌、蕈類的形態

黴菌

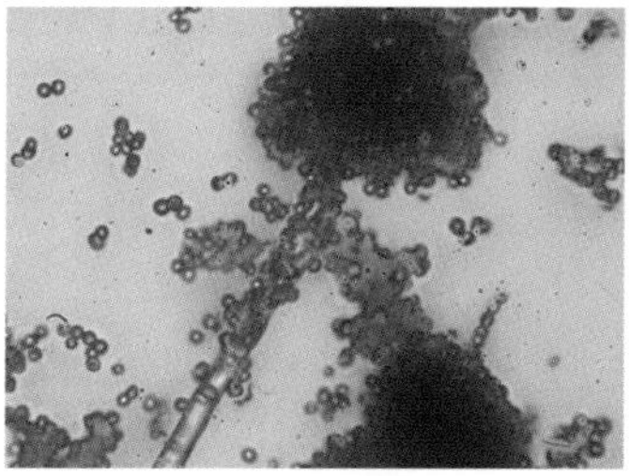

根黴菌

酵母菌

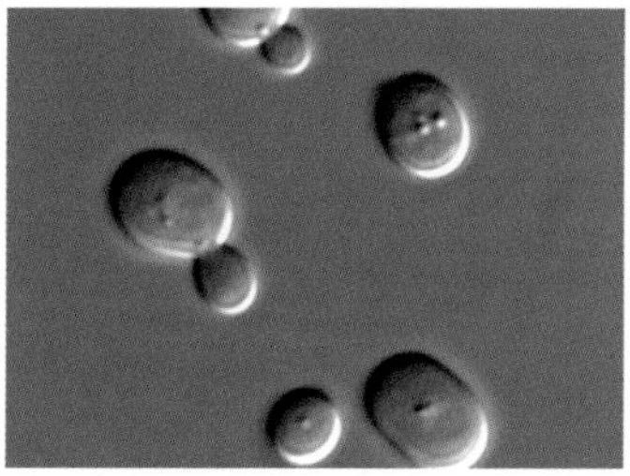

製作麵包所使用之酵母菌（*S. cerevisiae*）

蕈類

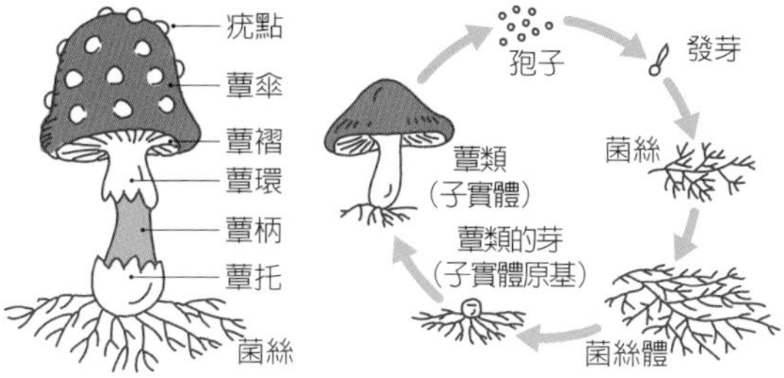

（資料：中島春紫「有趣的科學 微生物科學」日刊工業新聞社）

黴菌引起的農作物病害

晚疫病（馬鈴薯）

當病原菌發生在莖部時，常會出現深褐色病斑。而當病斑環繞整個莖部時，容易產生腰折現象

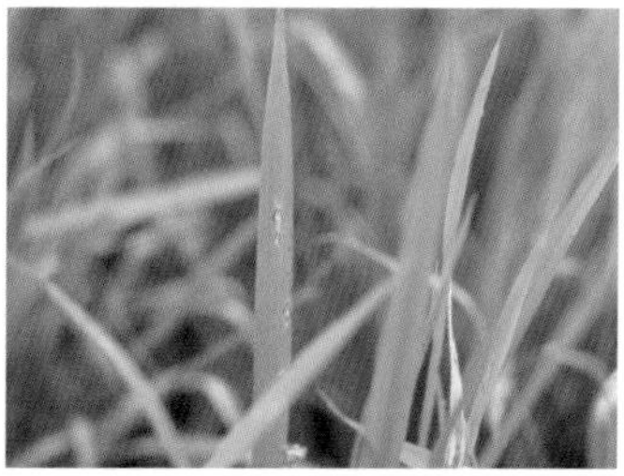

稻熱病（水稻）

葉片出現圓形或橢圓形病斑。在未成熟水稻中，由於病原菌可分泌毒素，導致植株衰弱、萎縮

其他土壤微生物的種類與特徵

藻類的種類與特徵

「藻類」指含有葉綠素等色素，能利用光能固定二氧化碳，並行可產生氧氣之光合作用，屬能自營的生物，爲苔蘚植物、蕨類植物及種子植物以外之總稱。藻類主要棲息在水中，但土壤中亦存在一些藻類。在潮溼的土壤表面，棲息有矽藻、綠藻、藍綠藻等種類。

藻類的大小爲10微米到1毫米，具有從單細胞到多細胞的各種形態。在藻類中，「藍綠藻」已根據其形態方式而被歸類爲細菌。農田土壤中的藻類數量每1公克乾土少於1萬個，與眞菌和細菌相比，數量較少且其作用有限，但在水田中，可行光合作用提供氧氣給土壤與作物，亦可提供有機物質等，扮演了非常重要的角色。此外，有些藍綠藻具有固定空氣中氮的功能，引起了農業相關人員的注意。

原生動物的種類與特徵

「原生動物」亦稱單細胞生物，生活狀態與動物相似的生物，因在分類學上無明確的基準，現階段以粗略的分類群來稱呼。

原生動物與藻類的棲息狀況相同，水田中的數量比旱田多。原生動物在微生物中屬於體積比較大的，大小約10～１００微米，依形態特徵可分爲，如阿米巴變形蟲一樣能利用細胞質流動而移動的「肉質蟲類」、類似眼蟲藻需以鞭毛移動的「鞭毛蟲類」、像草履蟲一樣體表覆蓋纖毛的「纖毛蟲類」等多種種類。

原生動物需透過攝取有機物質和其他土壤微生物才能存活，對土壤的物質循環作用亦有很大的貢獻。

病毒的種類與特徵

「病毒」比細菌更小，大小約爲０．０２到０．３微米，以利用其他生物的細胞作爲增殖手段。其結構是由具遺傳信息的ＤＮＡ與包圍的蛋白質組成，此外，因不具有細胞結構，所以不被視爲是生物的一種。但它能侵入生物細胞進行增殖，故當植物受到感染時，對生長可能產生致命的影響，進而對農民構成威脅。已知的如土壤傳播性菸草嵌紋病毒和瓜類嵌紋病毒。

藻類的種類

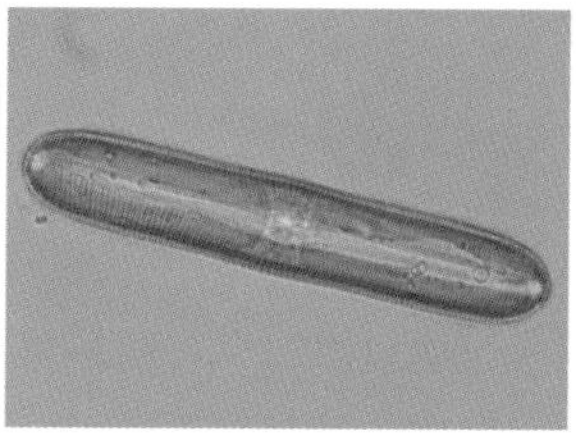

珪藻（羽紋藻屬）

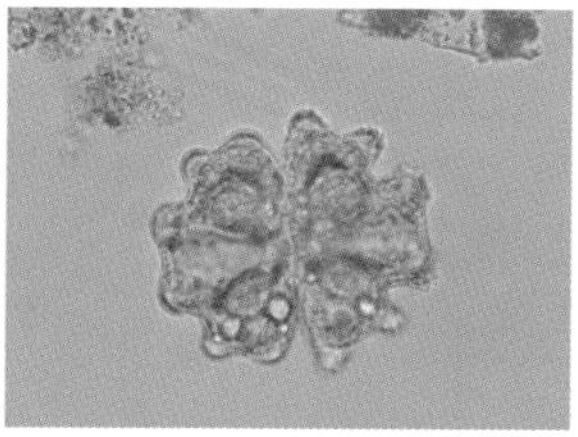

綠藻（凹頂鼓藻屬）

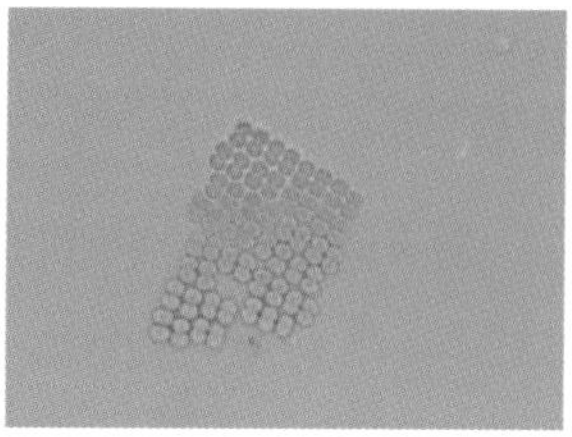

藍綠藻（平裂藻屬）

原生動物的種類

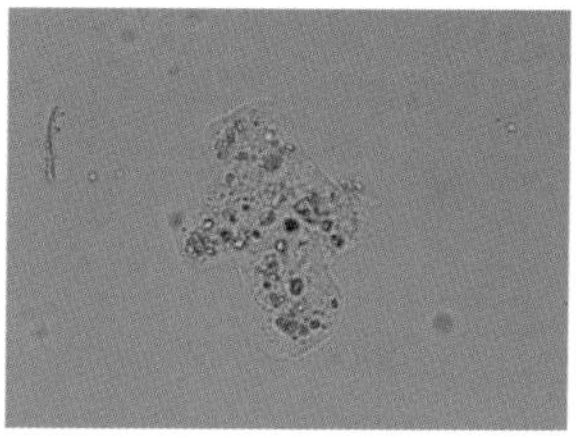

阿米巴（變形蟲屬）

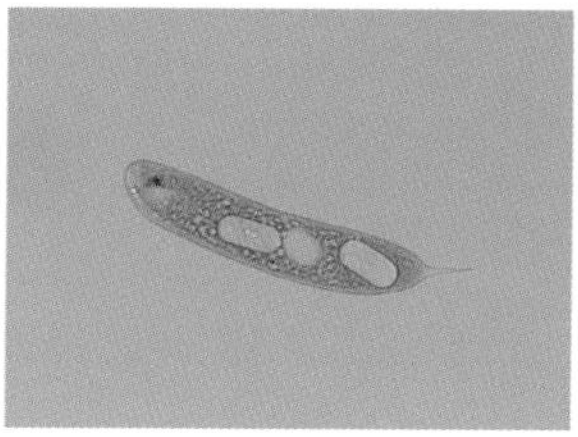

眼蟲

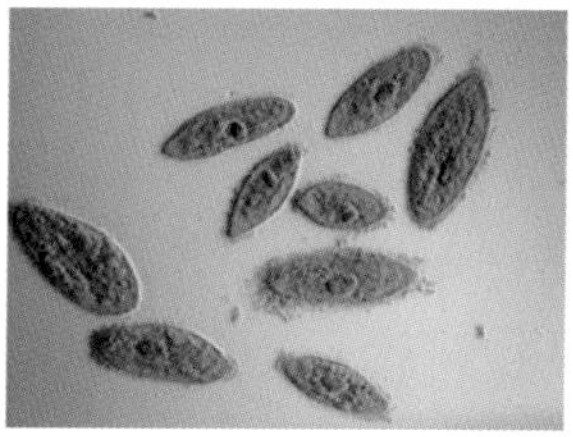

草履蟲

病毒引起的農作物病害

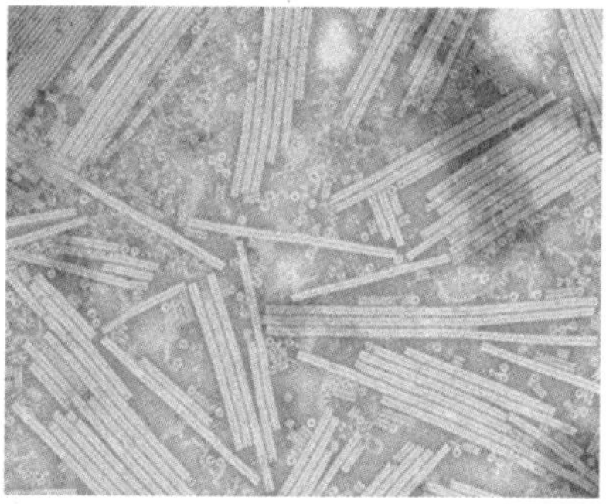

菸草嵌紋病毒（TMV）

受菸草嵌紋病毒為害後之菸草葉

微生物學的創始者

●微生物的發現者

最初發現微生物的人是荷蘭的雷文霍克（Antoni van Leeuwenhoek, 1632—1723），他原本不是科學家，而是服裝材料商人，但對拋光鏡片富有興趣。由於他的手相當靈巧，基於對科學的興趣而製作了幾個簡單的顯微鏡（目前顯微鏡的原型），並逐一觀察到眼睛所無法看到的細微東西。以當時的放大鏡來說，放大倍率大約只有 20 倍，雷文霍克所製造的顯微鏡已可達約 50 至 300 倍。他用他的顯微鏡，第一次觀察到世界上存在的黴菌、酵母菌、藻類、原生動物等微生物。

●近代細菌學之父

然而，由於雷文霍克不是學者，無法將這些微生物的學術意義推廣擴大。在他去世後，於開發出高性能顯微鏡之前，大約有一個世紀以上的時間，微生物學都沒有取得重大進展。

進入 1800 年代，近代的顯微鏡開始發展，學者們也開始思考疾病與食物和微生物之間的關係。以否定自然發生說而聞名的法國化學家路易斯．巴斯德（Louis Pasteur, 1822—1895）發現，酒精發酵和乳酸發酵都是由微生物所引起的，並開發了低溫殺菌法。此外，德國醫師羅伯．柯霍（Robert Koch, 1843—1910）發現了炭疽病的病原菌，並提出傳染病是由特定的病原菌所引起的。後來，兩人被尊稱爲「現代細菌學之父」，他們共同奠定了微生物學的基礎。

●雷文霍克製造的顯微鏡模式圖

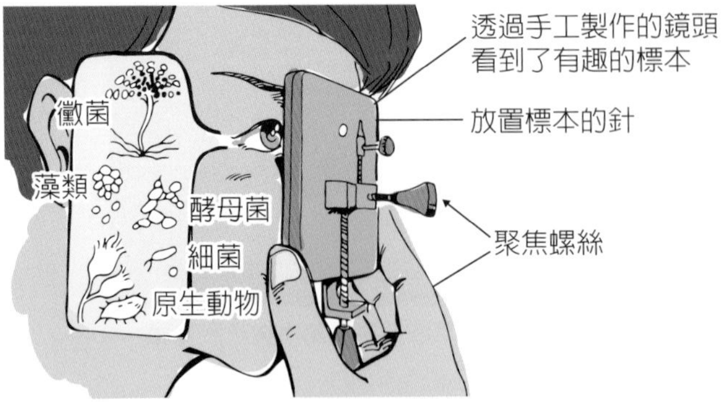

第3章

土壤微生物在自然界中的角色

自然界的物質循環與土壤微生物

土壤微生物在物質循環中所扮演的角色

植物利用太陽能從水和二氧化碳中產生氧氣，而自根吸收磷、氮、鈣、鎂等無機元素作爲養分，產生自己所需的有機物質。大多數動物食用植物產生的氧氣，並攝取植物等有機物質，作爲活動時所需的能量，並獲取製造細胞所需成分的營養。植物與動物各自產生的落葉與屍體最終將回歸土壤，而這些有機物質被土壤中的微生物分解成無機物質，再次回復到土壤的無機元素。像這種生物生存所必須的元素，經過大氣、陸地及海洋，再透過植物、動物及微生物一直循環，這種現象被稱爲「物質循環」。

植物合成有機物質和微生物分解有機物質，主要都在土壤中進行，因此可以說土壤是物質循環的中心。在土壤中，棲息著細菌、眞菌（黴菌、酵母菌、蕈類）、藻類、原生動物等微生物，和其他大型土壤動物（如蚯蚓和彈尾目等）。土壤動物的作用是將動植物的屍體分解成較細微的有機物質，而土壤微生物則協助將有機物質無機化。兩者都對自然界的物質循環有很大的貢獻。

食物鏈與土壤微生物

在自然界中，能產生有機物質的植物被稱爲「生產者」，攝取生產者植物的動物被稱爲「消費者」，而微生物則被稱爲「分解者」或「還原者」。植物可被草食性動物取食，草食性動物被肉食性動物取食，生產者與消費者的屍體再被微生物分解而取食。依據這種現象，形成所有的生物都在「吃」與「被吃」的相互關係上，這種關係被稱爲「食物鏈」。在食物鏈中，可分爲從取食植物之動物開始的「食生鏈」，到土壤微生物分解含有機物質之動植物屍體的「腐生鏈」。

土壤微生物是生態金字塔的基礎

一般而言，在食物鏈下方位置的個體小，但數量多，而在上方位置的個體大，數量隨著減少。若以圖形來表示可繪成金字塔形狀，即爲「生態金字塔」。若土壤微生物由於農藥的影響而急劇減少，金字塔底部的面積將會變小，導致生態金字塔的底部坍塌，這將對包括頂端在內的整個生態系產生不良影響。

生態系與食物鏈

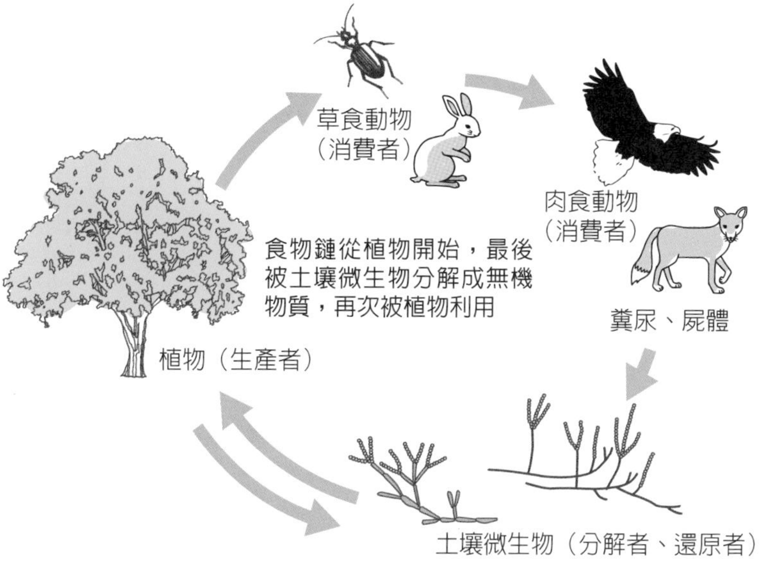

生態系統構成要素與生態金字塔

- 生態系
  - 生物群集
    - 生產者：光合作用植物
    - 消費者：動物、大型真菌
      - 初級消費者
      - 次級消費者
      - 高級消費者
    - 分解者：異營性微生物
  - 非生物環境
    - 介質：水、空氣、土壤、溫度、風、水流
    - 基層：岩石、礫、砂、黏土、泥土
    - 代謝材料：光、二氧化碳、水、氧、無機鹽類、有機酸等

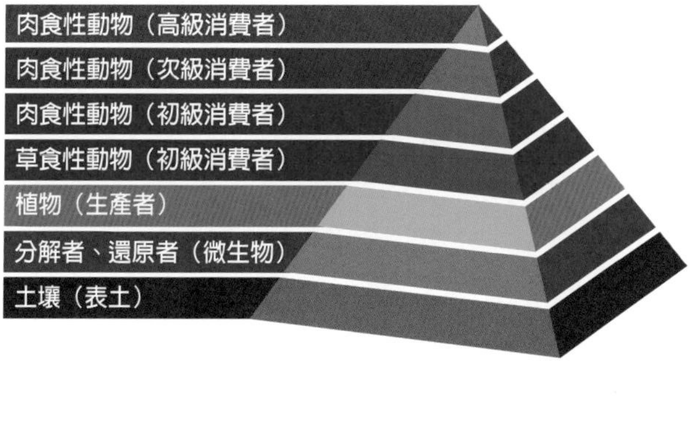

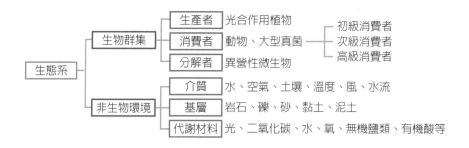

自然界中碳素與磷的循環

碳的循環

地球包含陸地、海洋及大氣層，而碳、氮、磷等生命活動所必須的元素，在這些空間中隨著形態變化不斷循環。

碳元素在自然界中，以二氧化碳、甲烷、有機物質、化石燃料、岩石等形態存在。在大氣中碳元素主要以二氧化碳的形態存在，約有７５００億噸，可透過植物行光合作用轉變成有機物質。陸地植物被認爲可吸收的碳量每年可達１０００億噸，當植物進行光合作用時，會因進行呼吸而釋放出二氧化碳，這些二氧化碳會再次回到大氣層。另一方面，植物因光合作用所累積的有機物質，會被動物吃掉，而枯枝殘體則會被土壤中的微生物分解。同時，動物與土壤微生物也會因呼吸而將二氧化碳釋放到大氣中。有機物質經由土壤微生物分解後產生的碳元素，最終會轉變成二氧化碳或甲烷，並再次釋放到大氣中。透過這種模式，地球上的碳元素，在大氣—植物—動物—土壤微生物之間保持一定的平衡，且持續循環著。

然而，目前地球上消耗的化石燃料量增加，導致大氣中二氧化碳的濃度提高。使用化石燃料所釋放的二氧化碳量，是植物固定二氧化碳量的十分之一。許多微生物棲息的土壤被瀝青等覆蓋，植物也被砍伐而減少，逐漸使土壤微生物可生存的環境變差。本來平衡且穩定循環的碳元素，因現代化及人類行爲，開始慢慢的被破壞了。

磷的循環

磷是細胞內ＤＮＡ與磷脂質的構成成分，同時也是能量代謝與光合作用不可欠缺的重要元素。磷在土壤中以磷酸鹽的形態存在，可透過植物的根吸收。當植物被動物取食後，所排泄的物質或者是屍體，經土壤微生物分解後，磷元素可再次返回土壤。然而，部分磷酸鹽會殘留在土壤中，部分被雨水沖刷而流失，淋洗出的磷酸鹽經過河川進入海洋，進而被浮游植物吃掉，然後進入非常緩慢的物質循環系統。

另一方面，在土壤中成爲植物營養成分的磷常常不足，但土壤中的溶磷菌會將磷轉換成容易被植物吸收的磷酸鹽，ＶＡ菌根菌即可將土壤的磷提供給共生的植物。植物在微生物的幫助下，能有效地吸取微量的磷作爲營養物質。

碳元素的循環

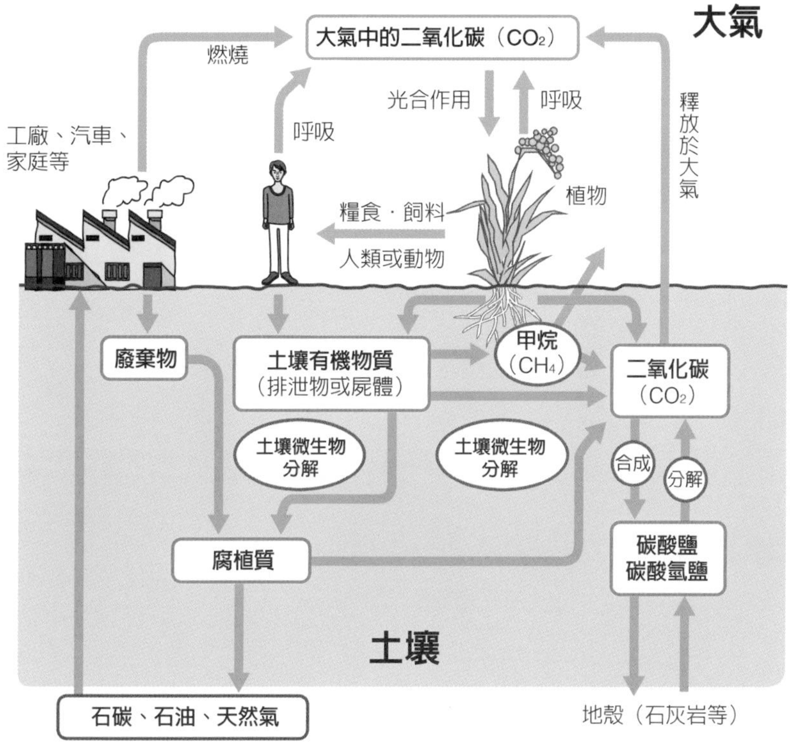

（資料：藤原俊六郎「新版圖解 土壤的基本知識」農文協）

磷的循環

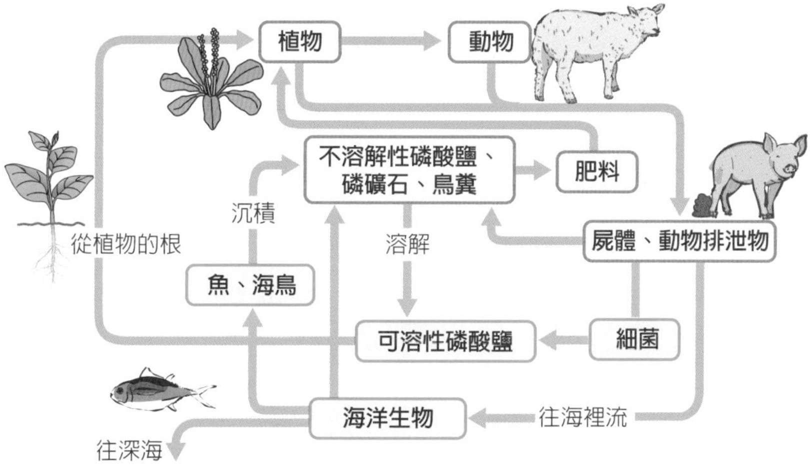

（資料：日本土壤微生物學會「新．土壤的微生物」博有社）

自然界中氮素的循環

改變形態循環的氮素

氮素爲構成蛋白質的胺基酸、控制遺傳信息DNA的核酸及多數細胞成分的重要元素。

大氣中約有80％（約3800兆噸）是氮氣，與碳和磷一樣，於陸地、海洋及大氣之間透過各種形態的變化而循環（氮化合物）。然而，與二氧化碳不同，大氣中的氮氣不能直接被植物利用。因此，透過土壤微生物將大氣中的氮氣固定（將氮氣轉化成氨），成爲植物可以利用之氮素，維持物質循環的進行。此外，大氣中的氮氣可因雷電等起化學變化，在某些情況下可變成氮氧化物（一氧化氮、亞硝酸、硝酸等），並與雨水混合注入到土壤中。

另一方面，動植物殘體等有機物質中的氮化合物，可被異營性微生物分解成銨鹽，並蓄積在土壤中（可透過硝酸還原細菌的作用，將氮氣排放到大氣中）。由於土壤微生物的作用，可將土壤中的銨鹽轉換成亞硝酸鹽或硝酸鹽（硝化作用），變成植物可以再次使用的形態。

以這種形態蓄積在土壤中的氮素，可作爲養分被植物的根部吸收，再次成爲有機物質，進而被動物取食，再變成殘體，以食物鏈的方式進行物質循環。

固定空氣中氮素的微生物

固定大氣中氮氣的微生物被稱爲「固氮菌」，包括與植物根部共生的微生物和單獨生長的微生物兩種。前者稱爲「共生固氮菌」，代表例子有與豆科植物共存的根瘤菌，和與非豆科植物共生被稱爲弗蘭克氏菌的放線菌；而後者被稱爲「非共生固氮菌」，包括好氧菌的*Azotobacter*，及厭氧性的光合細菌（如紅色硫磺細菌、綠色硫磺細菌）等。

最爲人知的共生固氮菌爲根瘤菌，常與大豆等豆科植物的根部共生來存活，根瘤菌會將固定的氮素作爲養分提供給植物，並自植物獲得糖分。除大豆外，其他豆科植物（豌豆、紅豆等）也有根瘤菌的共生。

依植物的種類可決定其共生根瘤菌的種類，且只有某些組合可形成共生關係（第74頁）。

氮元素的循環

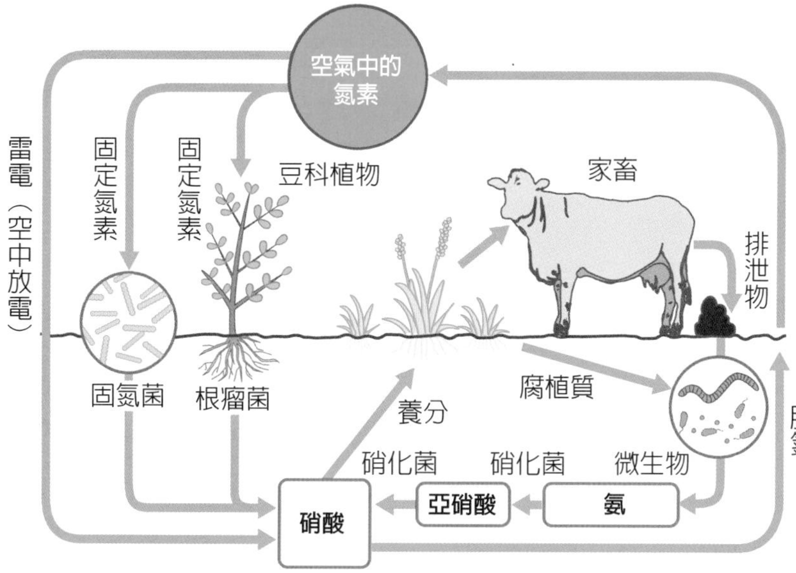

固氮菌的分類與種類

- 非共生固氮菌
  - 異營性微生物
    - 好氧菌　*Azotobacter* 等
    - 厭氧菌　*Clostridium* 等
  - 自營性微生物　部分藍綠藻、部分光合細菌、部分甲烷菌、部分硫酸還原細菌
- 共生固氮菌　根瘤菌、部分放線菌（弗蘭克氏菌）、部分藍綠藻（魚腥藻屬）

（資料：「新版 土壤肥料用語事典（第 2 版）」農文協）

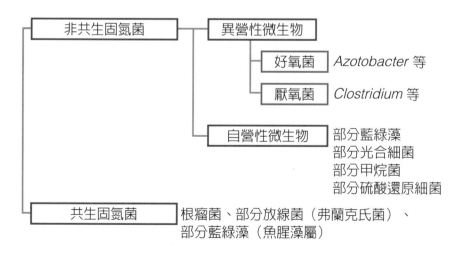

土壤中氮素的形態變化

土壤微生物是氮素循環的基礎

如前面所描述，氮元素會轉換成各種形態，在陸地、海洋及大氣之間循環。在氮素轉換成各種形態的過程中，土壤微生物扮演了重要的角色，包含固定空氣中的氮素、硝化作用、脫氮，以及將氮素無機化或有機化。

氮的無機化與有機化

植物與土壤微生物的細胞，皆含有氮素成分之蛋白質和核酸等物質，如果土壤微生物攝取含有這些物質的有機物質，氮素的攝取量會過多。因此，土壤微生物會將體內已合成累積的有機氮素，轉換成無機氮素的銨鹽形態，並將其釋放到體外，這個動作被稱爲土壤微生物的「氮素無機化」。

反之，當體內的氮素成分不足時，土壤微生物會將存在於土壤中的銨鹽等無機氮素攝入體內，從而合成有機物質並製造其本身細胞所需之成分。這種動作被稱爲「氮素有機化」。

透過這些方式，存在於土壤中的氮素，經土壤微生物的作用從「有機氮素」到「無機氮素」，與從「無機氮素」到「有機氮素」的形態間不斷變換而一直循環著。

硝化作用與脫氮作用

在土壤中，棲息著可以進行硝化作用而被稱爲「硝化細菌」的微生物。當土壤微生物分解動植物的殘體時，會形成作爲氮素源的銨鹽，然以銨鹽形態存在的話，很難被植物的根吸收。土壤中的硝化細菌可將這種銨鹽轉化成亞硝酸鹽，接著將其轉化爲硝酸鹽（硝化作用），讓植物可從根部吸取，同時自身也獲得活動所必須的能量。

由於硝酸鹽很容易溶於水，因此很難吸附到土壤顆粒上，當被植物作爲養分吸收後在土壤中剩餘下來的硝酸鹽，多數被淋洗到地下水中。然而，在水田等氧氣少的土壤中，存在有稱爲「脫氮菌」的厭氧細菌，利用硝酸鹽中含有的氧成分進行呼吸，從而產生氮氣並將其釋放到大氣中。在有氧條件下，這些脫氮菌會進行正常的有氧呼吸作用，但在無氧條件下，若有硝酸鹽存在亦能生長。

在這種狀況下存在於土壤中的氮素，可藉由微生物的作用變換形態：有機物質→銨鹽→硝酸鹽→氮氣。

氮素的無機化與有機化

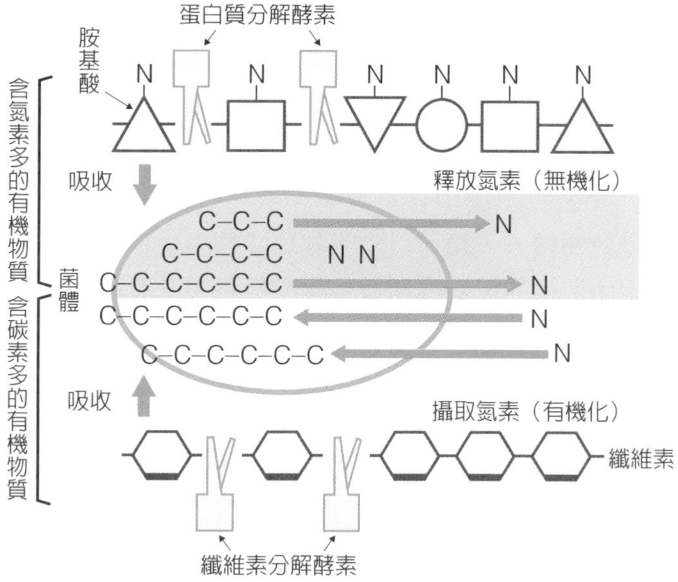

（資料：西尾道德「土壤微生物的基本知識」農文協）

水田內的固氮作用、硝化作用與脫氮作用

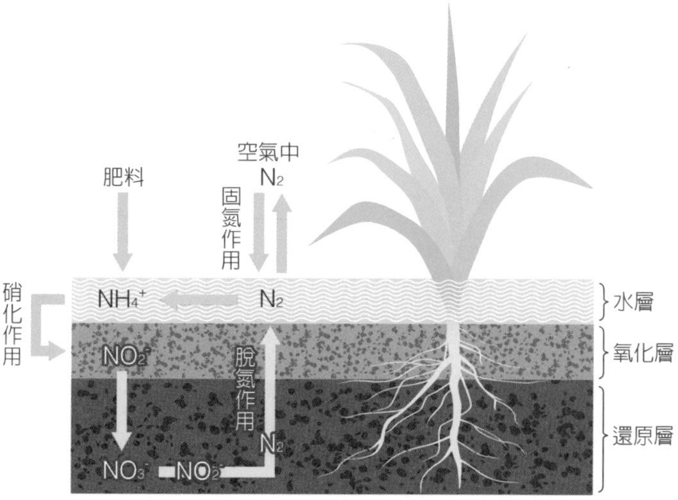

固氮作用	$N_2 \Rightarrow NH_4^+$
硝化作用	$NH_4^+ \Rightarrow NO_2^- \Rightarrow NO_3^-$
脫氮作用	$NO_3^- \Rightarrow NO_2^- \Rightarrow NO \Rightarrow N_2O \Rightarrow N_2$

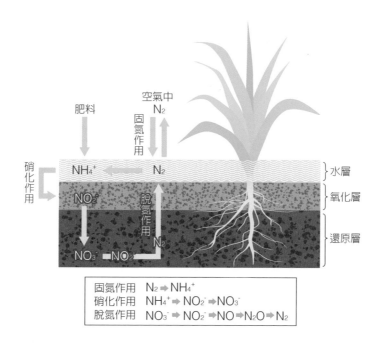

診斷土壤微生物豐富度的方法

●以生物性作為課題之評估

土壤豐富度的表示方式有：①化學性、②物理性及③生物性，若要依③生物性來表示豐富度，到目前爲止仍未完成相關調查。

這是因爲每公克土壤中含有數億至數兆個微生物，種類超過千種，且大都是新物種。人類可以證明其功能的微生物只有少數來自土壤，若想利用所取得的已知幾種微生物的數量來計算總數，無法眞正評估土壤的生物學特性。因此，以何種方式評估土壤生物學特性是一項重要課題。

●關注土壤微生物的多樣性與活性價值！

在這種情況下，根據日本獨立農研機構（NARO）的橫山和成先生所發現複雜系統的動態評估原理，DGC Technology 有限公司對土壤微生物多樣性和活性進行了全面性的量化，開發了可客觀評估土壤生物性的診斷法。其所開發的系統，不需理會土壤中「什麼樣種類的微生物」、「有多少」、「作用是什麼」，而是一種可評估土壤中「微生物整體」與「有機物質如何分解」之結果的系統。

評估的方法如下：①將土壤樣品以中性純水稀釋後，倒入 95 孔含有有機物質（微生物基質）的試驗盤，②將試驗盤在恆溫箱中培養，於 48 小時內以每 15 分鐘的間隔調查每種有機物質被分解的速度。透過這種方式，將微生物分解出有機物質的多樣性（可以分解多少種有機物質）與活性（分解有機物質的程度）合併計算所得之數據，即爲土壤微生物多樣性與活性之結果。至於分析成本，一般正常分析場合的價格是每個樣品 30,000 日元，但也有 12,800 日元的簡易樣品。

土壤微生物多樣性之活性值的測定實例

生物豐富的土壤樣品

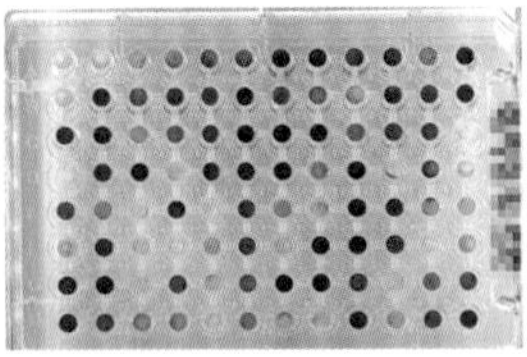

土壤微生物多樣性之活性值
1,538,087

生物貧瘠的土壤樣品

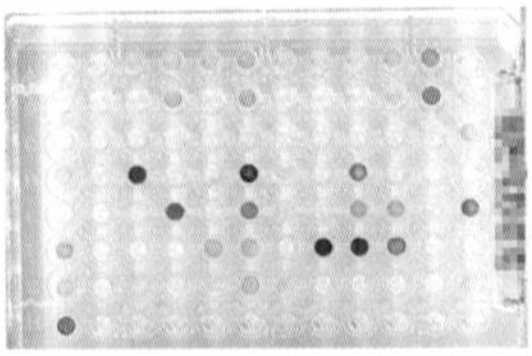

土壤微生物多樣性之活性值
232,205

注：土壤微生物多樣性之活性值平均約為 800,000

（照片：（株）DGC Technology）

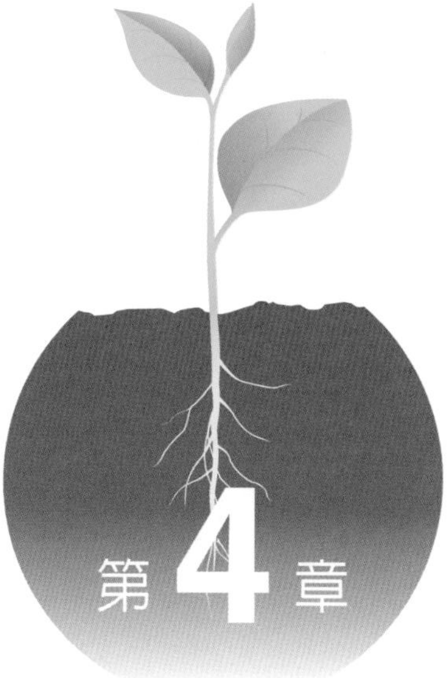

第4章

需要有機物質的土壤微生物

土壤有機物質與微生物

土壤有機物質的功能

在土壤中，棲息著很多的細菌、眞菌（黴菌、酵母菌、蕈類）、放線菌、藻類等微生物，及蚯蚓和鼴鼠等土壤動物。其大部分的生活方式與人類相同，需從其他生物攝取有機物質來生活。土壤中的大部分有機物質可被土壤微生物分解，但由於植物殘體中的細胞成分木質素，很難被土壤微生物分解，進而累積在土壤中。然而，這些難分解的物質仍可慢慢被分解，最後成爲「腐植質」的土壤有機物質形態。腐植質與土壤顆粒結合形成團粒結構，構成了肥沃的土壤（第94頁）。

土壤微生物使土壤肥沃

土壤的有機物質，是由分解動植物殘體所得之「非腐植質」，與土壤特有的深色無定形高分子化合物「腐植質」所構成。所謂的腐植質，並非單一與土壤顆粒混合而成。土壤中具有介於黏粒與沙粒之間特性的「坋粒」顆粒，與淤泥相同，腐植質和黏土礦物像黏合劑一樣黏附在一起，形成小土塊（一次團粒），接著較小的土塊會進一步聚集成爲較大的土塊（二次團粒）。在具有這些結構的土壤中，因爲會產生各種大小的空氣間隙，可保持適度水分與養分，形成具有良好透氣性和排水性的土壤。

如果土壤中有肥沃的植物殘體等有機物質，那麼以它作爲食物的土壤微生物自然會增加，且土壤有機物質形成的腐植質增加，土壤產生團粒結構，使植物生長良好，進而增加土壤微生物賴以取食的有機物質，土壤微生物也會隨之增加。由此可知，土壤微生物與土壤有機物質、腐植質及團粒結構的形成有很深的關係。

自然界與農耕地中有機物質的蓄積

在自然界的土壤中，當動物和植物死亡後成爲屍體，會以有機物質的方式被累積在土壤中，使土壤變得肥沃。然而，在農耕地的土壤中，所栽培的作物被收獲，植物的殘體便無法回到土壤。因此，有機物質的累積量逐年減少，而土壤微生物的數量也會相對減少。基於這個原因，農民需定期施用有機物質，並耕耘使土壤團粒化，維護土壤微生物可容易生存的環境。

土壤中有機物質的分類

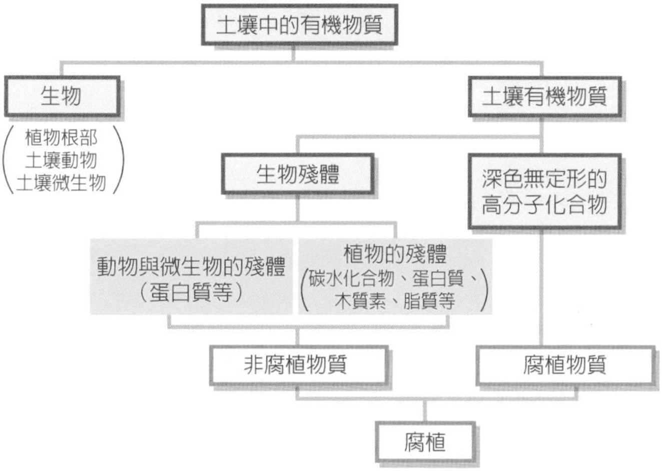

（資料：藤原俊六郎「新版 圖解 土壤的基本知識」農文協）

團粒構造的形成

●富含土壤有機物質的土壤

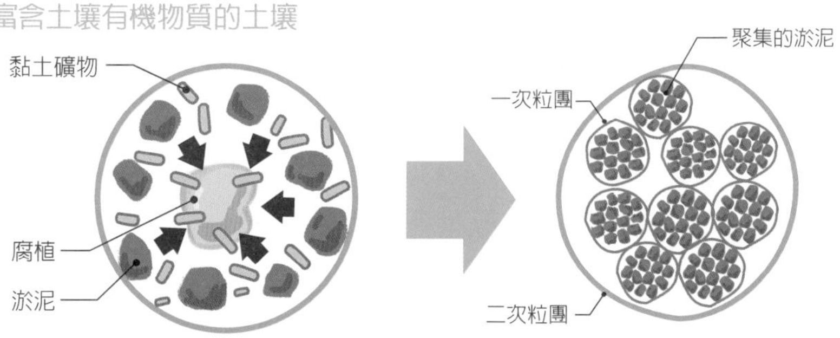

與淤泥相同，腐植質和黏土礦物像黏合劑一樣黏附在一起，形成小土塊（一次粒團），接著較小的土塊會進一步聚集成為較大的土塊（二次粒團）

●不含土壤有機物質的土壤

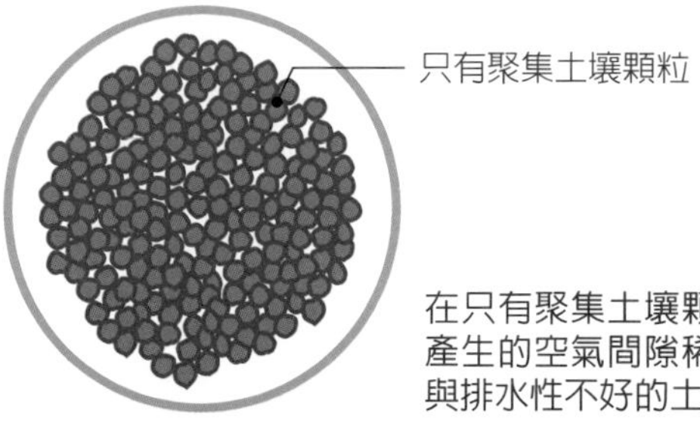

在只有聚集土壤顆粒的狀態下，因所產生的空氣間隙稀少，會變成通氣性與排水性不好的土壤

異營性微生物的類型

異營性微生物與自營性微生物

從已經合成的有機物質中，獲得活動所需的能量與作爲細胞成分之碳素源的微生物，被稱爲「異營性微生物（有機營養微生物）」。反之，所需能量來自無機物質的氧化與光能，碳素源透過固定二氧化碳以合成自身的有機物質的微生物，被稱爲「自營性微生物（無機營養微生物）」。在土壤中，異營性微生物存在的數量遠比自營性微生物多，占了土壤微生物的90％以上。

腐生微生物與共生、寄生微生物

異營性微生物分爲兩類：一類是自動物與植物殘體等沒有生命的物質，獲得能量與營養的微生物，稱爲「腐生微生物」，大多數土壤微生物屬於這一類；另一類是侵入其他生物體體內，並獲取有機物質的微生物，被稱爲「共生、寄生微生物」。

被侵入的生物體稱爲「寄主」，若入侵的微生物與寄主間，雙方因可自另一方獲得利益而相互靠近生活在一起，稱爲「共生」；但若只有一方獲益，另一方爲不利的情況，稱爲「寄生」（第68頁）。

共生微生物的代表是，生長在植物根部的根瘤菌與菌根菌，這些微生物可自植物獲得有機物質的糖當作養分，同時可提供植物氮素與磷，兩者透過相互提供利益而生存。

寄生微生物的代表是感染植物的病原菌，微生物從寄主植物獲得營養，但植物沒有獲得任何益處，反而變得生長不良，遭受不利。

異營性微生物的食物是糖與無機物質

生活在土壤中大多數的異營性微生物，可自醣類中獲得能量的來源。然而，在醣類中如葡萄糖與澱粉等只有碳、氫及氧三種元素，不能製造細胞成分所必須的蛋白質和核酸。所以土壤微生物以自醣類所獲得的碳素爲基礎，外加氮素或磷等無機物質，進而合成蛋白質與核酸。

換句話說，多數生活在土壤中的異營性微生物，可透過利用自植物等所獲得的醣類，配合土壤中的無機物質而生長發育。

異營性微生物的分類

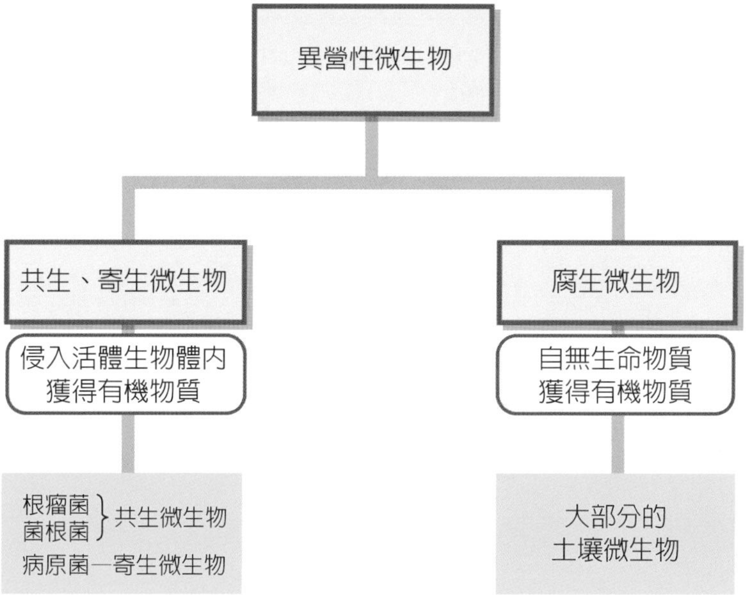

具有共生關係的赤松與松茸

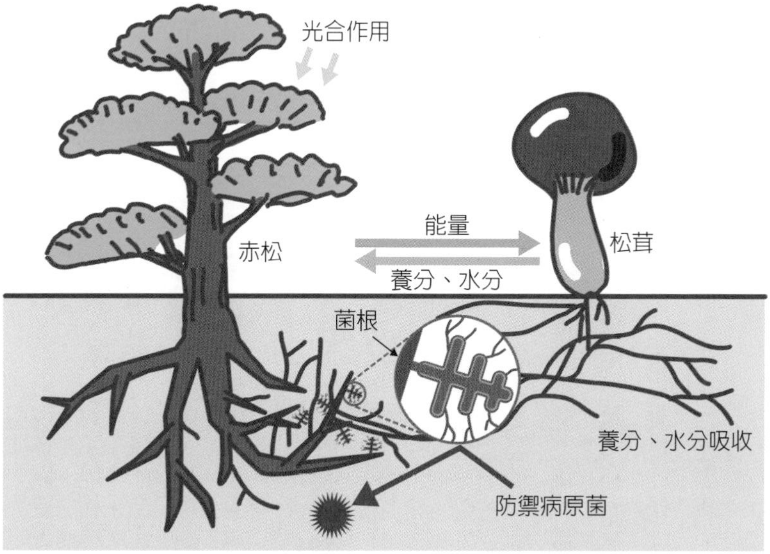

松茸與赤松的根共生，為「菌根菌」的一種，提供磷等無機物質給赤松的同時，也自赤松獲得具有能量的醣類

（資料：「Green Age」第 32 卷 3 號（財）日本綠化中心）

自有機物質獲得能量的方法

透過發酵系統獲得能量

土壤微生物從醣類中獲得能量，主要有兩種反應：「發酵系統」與「呼吸系統」。

發酵系統是在無氧或厭氧條件下進行的反應，爲醣類被不完全分解而獲得能量。在發酵過程中，會生成酒精與乳酸等代謝產物的有機酸，因此被稱爲「酒精發酵」或「乳酸發酵」。人類可利用這些代謝產物，製造含酒精飲料與優格。然而，自該過程中所獲得能量（ATP）的量很少，能量生成的效率非常差。

透過呼吸系統獲得能量

透過氧氣可將發酵產生的丙酮酸完全氧化，並將其分解成水與二氧化碳，此過程屬呼吸系統。此時產生的能量（ATP），是發酵系統所獲得量的約20倍，效率非常好。

即與人類相同，可透過發酵和呼吸兩系統，獲得能量（ATP）。

好氧菌與厭氧菌

當地球上還沒有氧氣時，微生物透過發酵系統獲得生活所需的能量。然而，當出現氧氣後，細菌進化到可透過呼吸系統的反應，更有效率地利用氧氣獲得能量。以這種方式，利用氧獲得能量的微生物被稱爲「好氧菌」。大多數的細菌、眞菌、放線菌、藻類等土壤微生物，都屬於這一類。另外，沒有氧氣就不能生長的微生物，則是「絕對好氧菌」。

另一方面，在無氧條件下，透過發酵系統獲得能量的微生物被稱爲「厭氧菌」。在厭氧菌中，在有氧的情況下完全不能生長的微生物屬「絕對厭氧菌」，而在有氧或無氧條件下都能生長的微生物則是「兼性（條件）厭氧菌」。絕對厭氧菌是屬於只在無氧條件下，透過發酵系統獲得能量的類型；兼性厭氧菌則是在無氧條件下以發酵系統獲得能量，在有氧條件下以呼吸系統產生能量的類型，可以說是在任一條件下都可生存，生命力很強的微生物；而絕對厭氧菌主要生存在水田等氧氣很少的土壤中。

能量獲得的方法

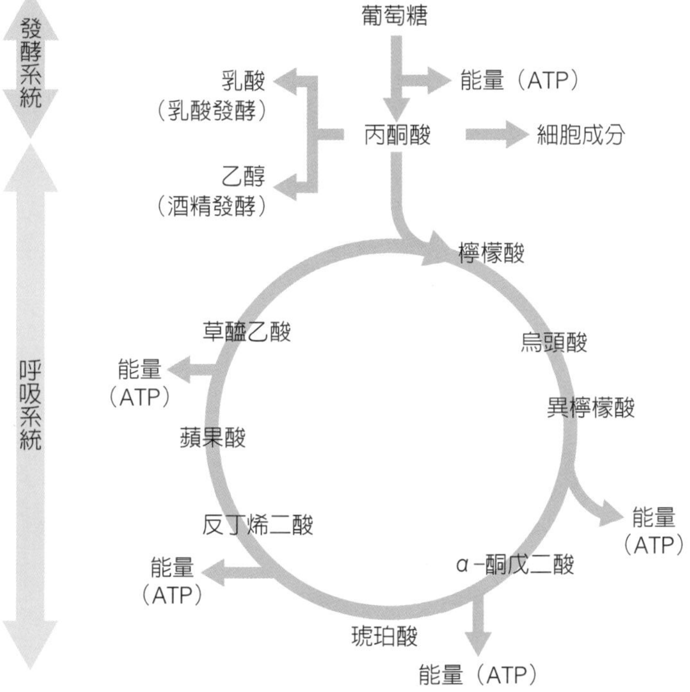

好氧菌與厭氧菌的差異

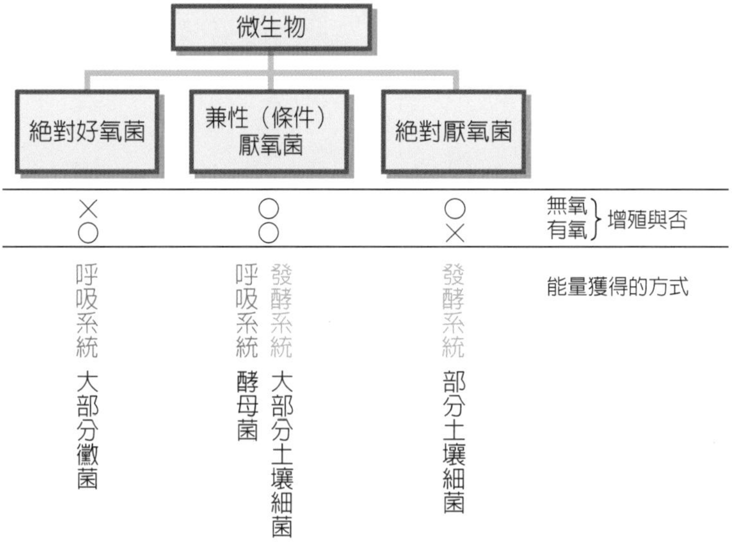

（資料：西尾道德「土壤微生物的基礎知識」農文協）

依是否利用氧氣區分微生物

絕對好氧菌

雖然先前提到，異營性微生物可以大概分爲「腐生微生物」與「共生或寄生微生物」（第44頁）。於腐生微生物中，基於能量獲得過程中是否可利用氧氣，又可區分爲「絕對好氧菌」、「絕對厭氧菌」及「兼性（條件）厭氧菌」三種類型。

絕對好氧菌是屬於在沒有氧氣情況下無法獲得能量的微生物，土壤中的大多數黴菌都屬於這一類。因此，可感染植物引起病害之微生物有80%屬於黴菌（第26頁）。

在農業耕地中，若水田因灌溉而有水積聚時，氧氣濃度會突然降低，導致絕對好氧菌的黴菌顯著減少。因此，在水田中土壤病害發生較少，可以進行連作。而將水田的水排出後，氧氣濃度會升高，黴菌會再次開始生長。由於一般農田的土壤含氧量比水田多，所以黴菌的數量比細菌多。

絕對厭氧菌

絕對厭氧菌不能在有氧環境下生長，只有部分土壤細菌屬於這一類，而梭菌屬的細菌爲這一類細菌的代表。此類細菌存在於氧氣無法十分通透的土壤中，例如土壤較深的地方、水田等積水地區的土壤還原層等（第122頁）。

兼性（條件）厭氧菌

兼性（條件）厭氧菌是在有無氧氣的條件下皆可生長的微生物，可依據氧氣條件的變化選擇進行發酵系統或呼吸系統來獲取能量。棲息在土壤中的大多數細菌都屬於這一類，在黴菌類中的酵母菌亦屬於兼性厭氧菌。這意味著，雖然酵母菌在形態上屬於黴菌，但仍保留著細菌的特質，屬於介於兩者間存在的微生物。在水田中，由於反覆淹水與排水，氧氣條件變化極大，因此兼具好氧性與厭氧性特性的兼性厭氧菌居多。

此外，在兼性厭氧菌中，具有非常特殊特性的細菌是「脫氮菌」（第38頁），脫氮菌可以利用硝酸或亞硝酸來代替氧氣呼吸（硝酸鹽呼吸）。於氧氣存在條件下不進行脫氮作用，而是利用氧氣來獲得能量，但在沒有氧氣的情況下若有硝酸或亞硝酸，則可透過將硝酸或亞硝酸還原成氮氣或一氧化二氮氣體之過程，進行呼吸系統運作而成長。

水田淹水後土壤微生物的變化

淹水當下

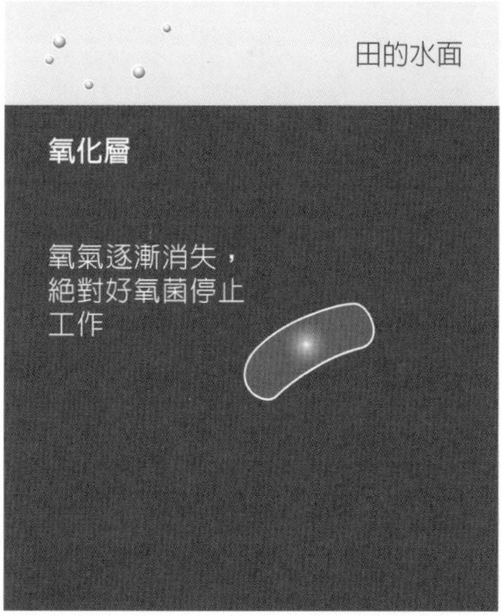

氧氣逐漸消失，絕對好氧菌的真菌變得越來越少

淹水數天後

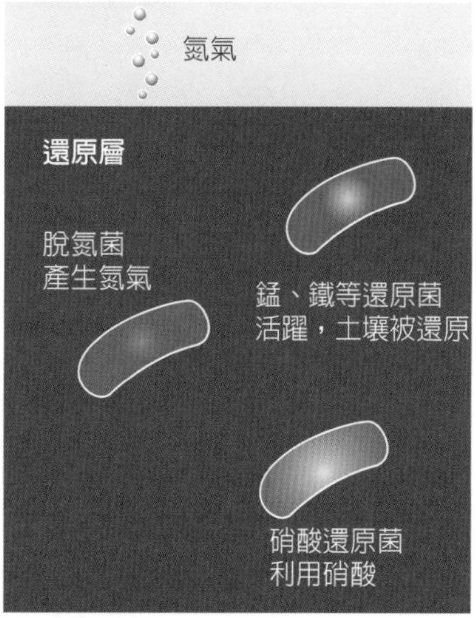

透過鐵還原菌等將土壤還原。另外，硝酸還原菌開始利用硝酸，脫氮菌釋放氮氣

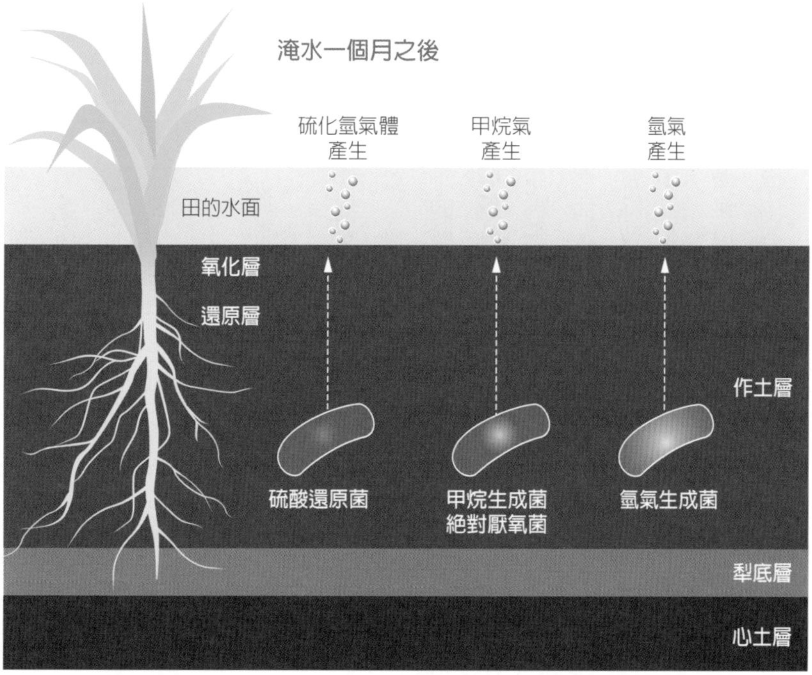

土壤分為氧化層與還原層，在還原層中硫酸還原菌、甲烷生成菌、氫氣生成菌等絕對厭氧菌開始活動，進而產生硫化氫、甲烷、氫氣等氣體

（資料：長谷部亮「形成水田的微生物」農文協）

有機物質的分解

分解醣類以獲得能量

異營性微生物攝取的有機物質，主要利用累積在土壤中的動植物殘體與排泄物爲主。然而，大多數土壤微生物與植物相同，細胞周圍被細胞壁包圍，只有水溶性低且低分子的有機物質可以被細胞吸收。土壤微生物可分泌胞外酵素，將高分子物質分解，如將高分子物質澱粉分解成低分子物質葡萄糖後再吸收。而且，隨高分子物質的種類不同，可分解的酵素類型也會隨之改變。

土壤微生物利用吸收的低分子醣類，透過發酵系統與呼吸系統來獲得能量（ATP）。此外，自這些醣類所合成有的有機化合物，可與所攝取之無機物質的氮和磷結合，並製造出本身細胞所需的成分。

分解難以分解的木質素！

在植物的細胞壁中，含有很多木質素、纖維素、半纖維素等高分子成分的物質。雖然纖維素與半纖維素很容易被酵素分解，但當木質素與它們結合時，會導致結構變得強硬，不容易被分解成低分子。由於樹木中的木質素含量占20～30％，因此樹木很難被土壤微生物分解。然而，蕈類成員中的「白色腐朽菌」卻具有分解木質素的作用。透過白色腐朽菌將木質素分解成低分子後，可被其他土壤微生物分解並吸收。此外，被分解成低分子的木質素，對於土壤中形成腐殖質有所貢獻。

獲得細胞成分所需的氮素

作爲食物來源的有機物質中，除醣類外，還包含蛋白質與核酸等高分子成分。土壤微生物很容易吸收低分子的胺基酸，但高分子的蛋白質與核酸仍需酵素分解成低分子後才可被吸收到體內，再於體內被有機化後作爲細胞的成分。

然而，在利用含氮率高的有機物質作爲營養時，可能會導致細胞內的氮素變得過量。在這種情況下，細胞內無機氮素成分（氨態氮）會釋放到細胞體外（氮素無機化）。另一方面，製造細胞所需要的氮素，僅由有機物基質獲得的氮素若不足，則會自土壤中吸收無機氮素到體內，在細胞內合成核酸與胺基酸等有機物質（氮素有機化）（第38頁）。

木質素的難分解性

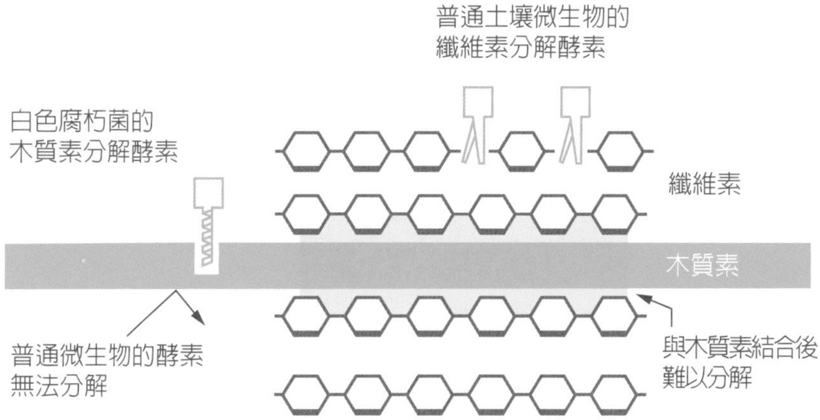

（資料：西尾道德「土壤微生物的基礎知識」農文協）

可分解木質素的蕈類（白色腐朽菌）

香菇

肺形側耳

山毛櫸木粉（左）被白腐菌分解並變白

（照片：岐阜縣森林研究所）

與發酵食品有關的微生物

●發酵食品豐富了餐桌

說到「發酵食品」，啤酒與葡萄酒等酒精發酵飲料，以及優格等乳酸發酵食品立即浮現在腦海中。除此之外，平常常見的食物中，有許多意想不到的發酵食品，現在就來介紹它們。

●與發酵食品原料有關的微生物種類

發酵食品	主要原料	微生物種類
味醂	糯米	麴菌
味噌	米、大麥、大豆	麴菌、酵母菌、乳酸菌
醬油	小麥、大豆	麴菌、酵母菌、乳酸菌
醋	酒精	醋酸菌
日本酒	米	麴菌、酵母菌
燒酒	芋、麥、米	麴菌、酵母菌
啤酒	大麥	啤酒酵母
葡萄酒	葡萄	葡萄酒酵母
麵包	小麥	麵包酵母
柴魚	鰹魚	麴菌
豆瓣醬	蠶豆、辣椒	麴菌
米糠味噌	米糠	酵母菌、乳酸菌
納豆	大豆	納豆菌
鯽魚壽司	鯽魚（鮒魚）	乳酸菌
葛餅	小麥	乳酸菌
魚乾	魚	乳酸菌
優格	牛乳	乳酸菌
起司	牛乳	乳酸菌、白黴菌、青黴菌
椰果	椰子	醋酸菌
筍乾	竹筍	乳酸菌
鯷魚	沙丁魚	乳酸菌
泡菜	白菜、辣椒	乳酸菌
醃小黃瓜	小黃瓜	乳酸菌
酸菜	高麗菜	乳酸菌
莎樂美腸	肉	乳酸菌

※乳酸菌、納豆菌、醋酸菌屬於細菌，麴菌則屬於黴菌

第5章

不需要有機物質的土壤微生物

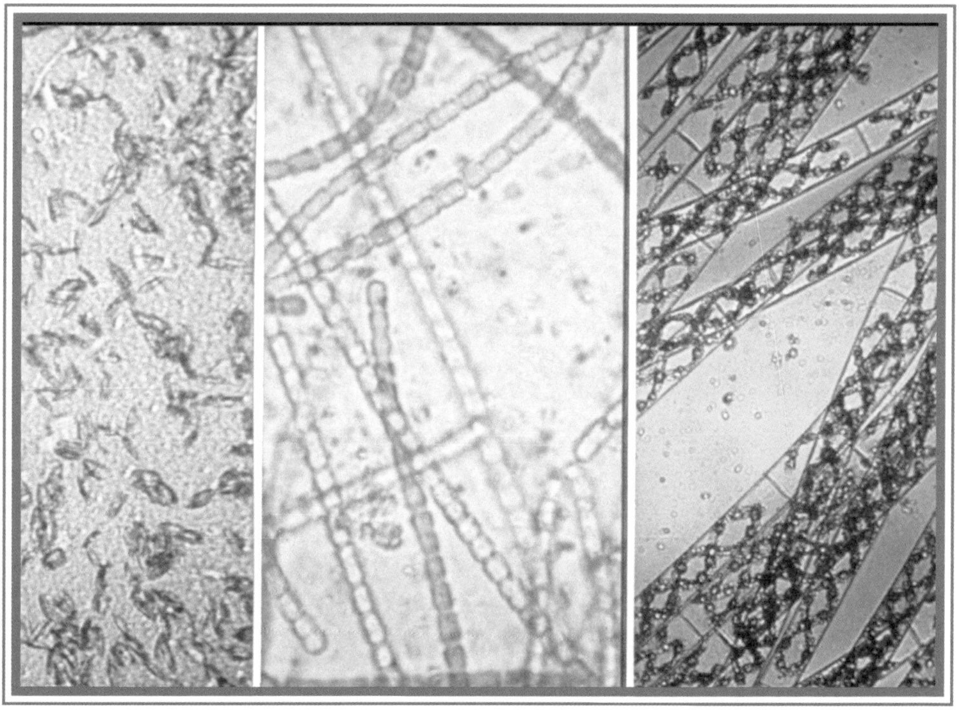

自營性微生物的類型

自營性微生物的分類

自有機物質獲得活動所需能量與生成細胞成分之碳素源的微生物，被稱爲「異營性微生物」。另一方面，自無機物質的氧化與光能獲得能量的微生物，其碳素源可透過固定二氧化碳來合成有機物質，故被稱爲「自營性微生物」（第44頁）。自營性微生物可進一步區分爲，自無機化合物獲得能量的「化學合成自營性微生物」與自光獲得能量的「光合自營性微生物」。

化學合成自營性微生物有各式各樣的種類，但都屬於細菌類。光合自營性微生物可透過與植物光合作用相同之反應模式獲得能量，這一類的微生物屬於細菌中的「光合細菌」。在約4億年前、植物開始上陸之前，自營性微生物一直扮演著有機物質合成的重要角色。

化學合成自營性微生物的種類

化學合成自營性微生物有幾個種類，具代表性的有「硝化菌（氨氧化細菌、亞硝酸氧化細菌）」、「硫磺細菌」、「硫酸還原菌」、「鐵氧化菌」、「甲烷氧化菌」、「氫氧化菌」等。

無機物質的氧化，是依據細菌的種類而各自獨立反應的過程，在固定二氧化碳較多的場合中，透過利用ATP（能量）與NADPH（電子傳遞體）進行「磷酸戊糖途徑」（其中在「還原性TCA循環」中有固定二氧化碳的細菌）。

化學合成自營性微生物，參與了土壤中大部分作爲植物養分之營養元素的形態變化，對促進土壤生態系的物質循環有很大的貢獻。

光合自營性微生物的種類

光合自營性微生物，是與植物一樣只在無機物質與光存在時才可生長的微生物，可細分成三種：「藻類」、「光合細菌」及「藍綠藻」。光合自營性微生物在水中及潮溼的土壤中都很常見。

與植物一樣，藻類與藍綠藻可利用光能將水分解產生氧氣，大部分光合細菌不使用水而是利用硫化氫等來獲得能量，但過程中不產生氧氣。其中，光合細菌中的「紅色非硫磺細菌」，因爲利用有機物質而非二氧化碳作爲細胞成分的碳素源，所以該細菌在分類上屬於異營性微生物。

異營性微生物

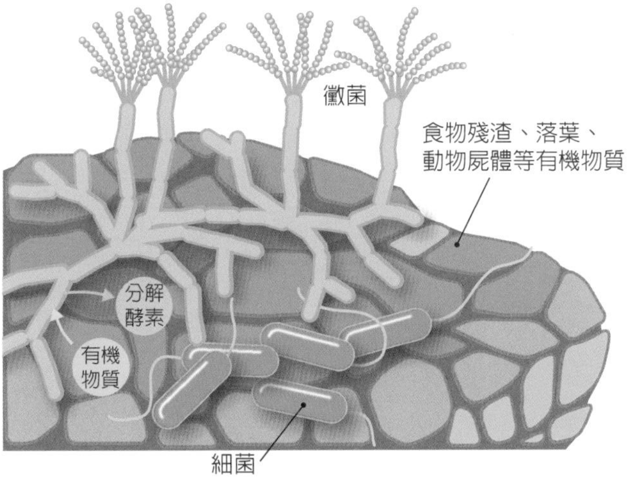

自有機物質獲取活動所需能量與變成細胞成分之碳素源

化學合成自營性微生物

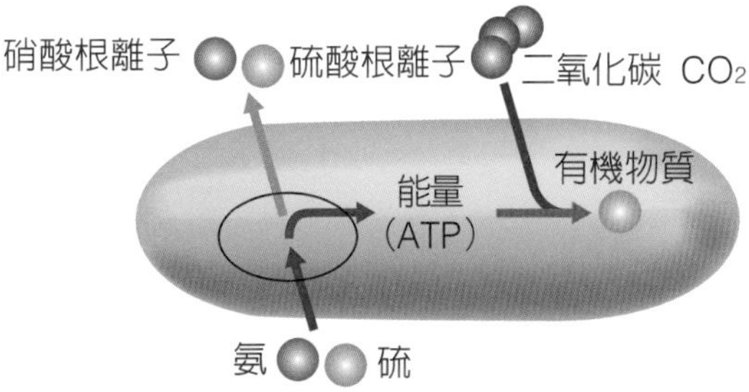

能量來自無機物質的氧化等，碳素源透過固定二氧化碳合成有機物質

光合自營性微生物

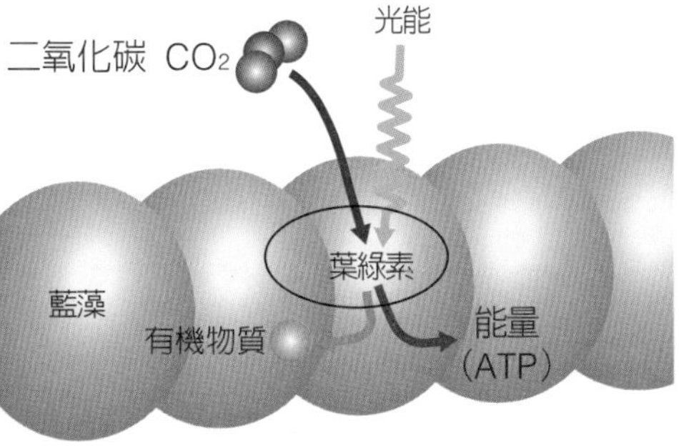

能量來自光能，碳素源透過固定二氧化碳合成有機物質

（資料：西尾道德「微生物創造了地球」農文協）

硝化菌與氮素的循環

硝化菌是氮素循環的重要角色

化學合成自營微生物中，與氮素物質循環最相關的是「硝化菌」。硝化菌有兩種類型，即將銨鹽氧化變成亞硝酸鹽的「氨氧化細菌」，與將亞硝酸鹽氧化變成硝酸鹽的「亞硝酸鹽氧化細菌（硝化細菌）」。將銨鹽轉變成硝酸的一系列反應稱為「硝化作用（硝化反應）」（第38頁）。

無論是氨氧化細菌或亞硝酸鹽氧化細菌，因為必須在有氧氣的環境下進行氧化作用，所以只能在好氧條件下生長。因此在農業耕地中，多存在於一般旱田而非含氧氣較少的水田。因為植物吸收硝酸鹽的氮素源比銨鹽更容易，因此硝化細菌是影響田間農作物氮肥施用之非常重要的土壤微生物。

氨氧化細菌的代表菌株是亞硝化單胞菌（*Nitrosomonas*），亞硝酸鹽氧化細菌的代表菌株則是硝化細菌（*Nitrobacter*）。因為它們都可分解水中的銨鹽，若將所分離的菌株添加到水槽中可改善水質，故可用於汙水處理，對環境淨化有很大幫助。

雖然存在有可直接將氨轉化為硝酸的細菌與黴菌，但它們的硝化能力都明顯低於硝化細菌。

對農作物而言亦伴隨著風險的硝化作用

硝化細菌生長良好的條件，需要有足夠氧氣，而在有機物質分解過程中會產生大量的銨鹽。在田間有很多有機物質，包含堆肥與肥料等大量的銨鹽物質，對硝化細菌來說是非常良好的生長環境。另一方面，作物吸收硝酸鹽較銨鹽更容易，因此常藉由硝化細菌得到益處。

然而，若一連串硝化作用中途停止，會導致中間產物的亞硝酸鹽累積，進而對農作物的生長造成不良影響。亞硝酸鹽對植物有毒，累積至一定的量會引起「亞硝酸氣體障礙」。在正常土壤中，兩種硝化作用可互相結合進行，不會有亞硝酸鹽累積的情形。然而，當施用大量富含氨肥之有機肥料時，亞硝酸鹽氧化細菌會比氨氧化細菌先受到氨影響而中毒，導致只有氨氧化細菌繼續作用，使亞硝酸鹽累積越來越多。此外，當土壤pH值太低（pH小於5）時，亞硝酸鹽氧化細菌會先較氨氧化細菌失去活性，使亞硝酸鹽累積，引起亞硝酸氣體障礙，此障礙於室內栽培的農作物中很常見。

硝化菌的硝化作用

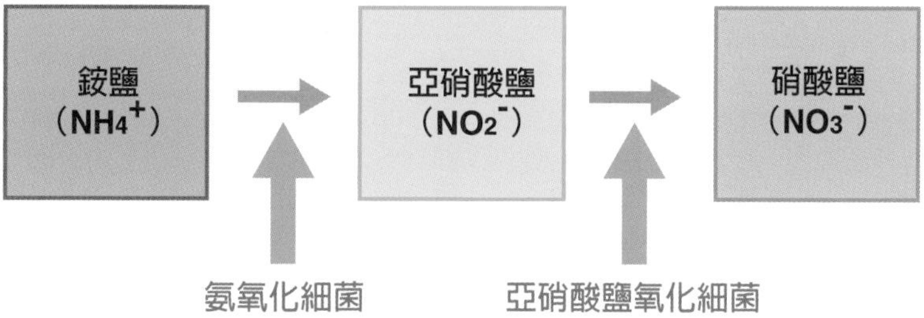

硝化菌的種類

氨氧化細菌	亞硝酸氧化細菌
Nitrosomonas europaea	*Nitrobacter winogradskyi*
Ntrosospira briensis	*Nitrospina gracilis*
Nitrosococcus nitrosus	*Nitrococcus mobilis*
Nitrosococcus oceanus	
Nitrosolobus multiformis	

（Bergey's manual 8th ed., Buchanan et al., 1974）

亞硝酸氣體障礙的被害情形

茄子

韮菜

由於亞硝酸氣體的產生，葉子的一部分枯萎並變白

多種化學合成自營性微生物

硫磺細菌的種類與功能

透過將硫與硫化氫等物質氧化和還原後獲得能量的細菌，分別被稱爲「硫氧化細菌」與「硫還原細菌」，可統稱爲「硫磺細菌」。據說硫磺細菌是地球上最古老的生物，在太古時代可利用氧化海底火山噴發時產生的硫化氫作爲能源。

硫氧化細菌可分成二類，分別爲使用氧氣將硫化合物氧化的好氧菌（無色硫磺細菌），以及在厭氧條件下伴隨光合作用將硫化氫等物質氧化之光合成硫磺細菌（紅色硫磺細菌、綠色硫磺細菌）（第60頁）。

無色硫磺細菌的代表爲硫桿菌屬（*Thiobacillus*），特別是硫氧化硫化桿菌（*Thiobacillus thiooxidans; Acidithiobacillus thiooxidans*），可棲息在噴出硫磺的溫泉中，並將硫氧化成硫酸，因此可以於pH值爲1程度的強酸性環境中活下去。

硫酸還原菌的種類與功能

透過將硫酸還原成硫化氫來獲得能量的細菌被稱爲「硫酸還原菌」。硫酸還原菌爲絕對厭氧菌，大多數都棲息在含水之水田的還原層（土壤深處），會產生對水稻有毒的硫化氫。因硫酸還原菌除了氫之外，還可以利用乳酸等有機物質來獲得能量，是非常特殊的細菌，被稱爲「自營的異營性微生物」。代表性硫酸還原菌爲脫硫弧菌屬（*Desulfovibrio*）。

其他化學合成自營性微生物

「鐵氧化菌」，是利用將二價鐵離子氧化成三價鐵離子時獲得能量的細菌。由於鐵氧化菌的作用，在礦山內之廢水等含鐵量多的水，常會變成紅棕色。反之，將三價鐵離子還原爲二價鐵離子的細菌稱爲「鐵還原菌」，棲息在水田還原層等厭氧條件下。

「甲烷氧化菌」，是利用氧氣將甲烷分解成二氧化碳，並獲得碳素源與能量的細菌。因此，甲烷氧化菌棲息在好氧條件下。在水田的水面，由於含有較多的氧氣，且生存於還原層中的甲烷菌可產生甲烷氣體，而容易生長。

「氫氧化菌」，是利用將氫氧化時獲得能量的細菌。

化學合成自營性微生物的化學反應式

●硝化菌

$2NH_3 + 3O_2 \rightarrow 2HNO_2 + 2H_2O$（氨氧化細菌）

$2HNO_2 + O_2 \rightarrow 2HNO_3$（亞硝酸鹽氧化細菌）

●硫氧化細菌（無色硫磺細菌）

$H_2S + 1/2O_2 \rightarrow H_2O + S$

$S + 3/2O_2 + H_2O \rightarrow H_2SO_2$

●光合成硫磺細菌

$2H_2S + CO_2 \rightarrow CH_2O + 2S + H_2O$

●鐵氧化菌

$4FeCO_3 + O_2 + 6H_2O \rightarrow 4Fe(OH)_3 + 4CO_2$

●氫氧化菌

$H_2 + 1/2O_2 \rightarrow H_2O$

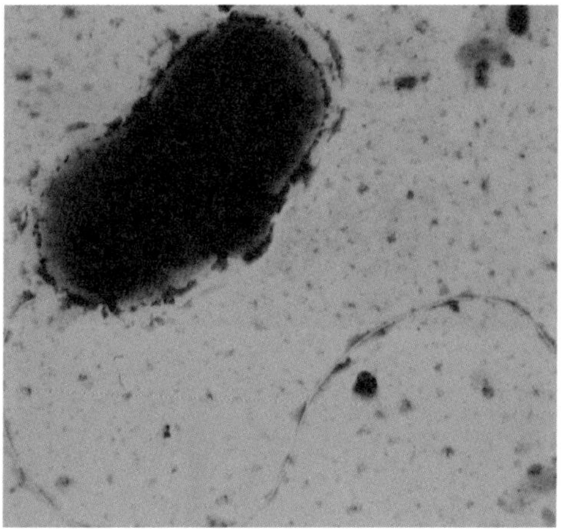

硫酸還原菌
（*Desulfovibrio vulgaris*）

光合自營性微生物

藻類與植物行相同機制的光合作用

與植物一樣，只能利用無機物質與光能生長的微生物被稱爲「光合自營性微生物」，又可再細分成三類：「藻類」、「光合細菌」及「藍綠藻」。

藻類包含「綠藻」、「紅藻」、「褐藻」、「矽藻」等，主要生活在水中，但也可在水田等潮溼的土壤中看見。藻類雖然是微生物，但體內具有葉綠素等物質，可透過與高等植物類似的反應機制進行光合作用獲得能量，並合成有機物質。

藍綠藻也具有優異的固氮作用

藍綠藻被稱爲「Cyanobacteria（藍綠藻菌）」，以前被認爲是藻類的一種，現在則被歸類爲細菌。藍綠藻也與植物相同，可進行產生氧氣的光合作用。就算在相同類群的細菌中，不產生氧氣的光合細菌，其光合成的作用機制完全不同。

藍綠藻是一種好氧菌，雖然大多數棲息在水田的水面與土壤的表面，但有些種類的藍綠藻在氧濃度低時亦可進行固氮作用。例如，生長在水田中作爲雜草之蕨類植物滿江紅屬（*Azolla*），其葉子中共生的藍綠藻，具有高固氮能力，耕作水稻的農民有時會將它當作「綠肥（拌入土壤中的肥料）」來使用。

光合細菌不釋放氧氣

雖然光合細菌能利用光能，但透過與植物和藻類不同的反應機制，可進行不產生氧的光合作用。因此光合細菌，在有光照射的狀況下，主要還是棲息在氧濃度低的水中。

光合細菌包括「紅色硫磺細菌（*Chromatium* 屬等）」、「綠色硫磺細菌（*Chlorobium* 屬等）」及「紅色非硫磺細菌（*Rhodospirillum* 屬等）」。其中綠色硫磺細菌與紅色硫磺細菌可將二氧化碳同化，並利用硫化氫行光合作用，屬於一種光合自營性微生物；但由於紅色非硫磺細菌是利用有機物質進行光合作用，因此被歸類爲光異營性微生物。此外，不管是硫化氫或有機物質都可被紅色硫磺細菌利用。

由於紅色硫磺細菌與綠色硫磺細菌都可利用硫化氫，在水田中能吸附硫酸還原菌產生的有毒硫化氫。因此，這兩種菌大量棲息在水田的表層，對水稻的生長扮演著重要角色。

藍綠藻個體的基本構造

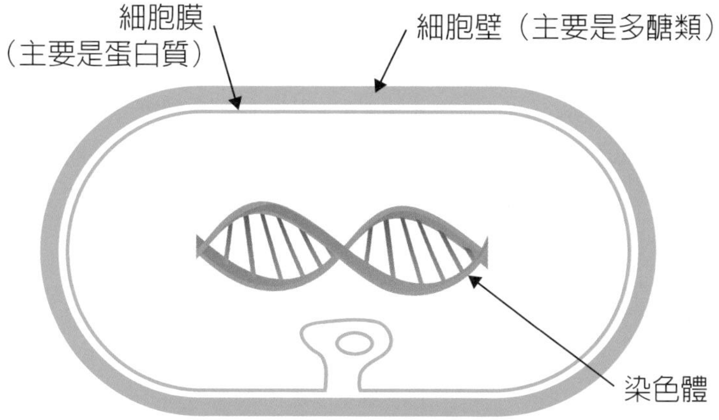

是一種以多醣類為主的硬細胞壁，內有以蛋白質為主的軟細胞膜包覆。染色體在細胞內以折疊形式存在。這種結構與細菌的細胞幾乎相同

微生物的光合作用反應

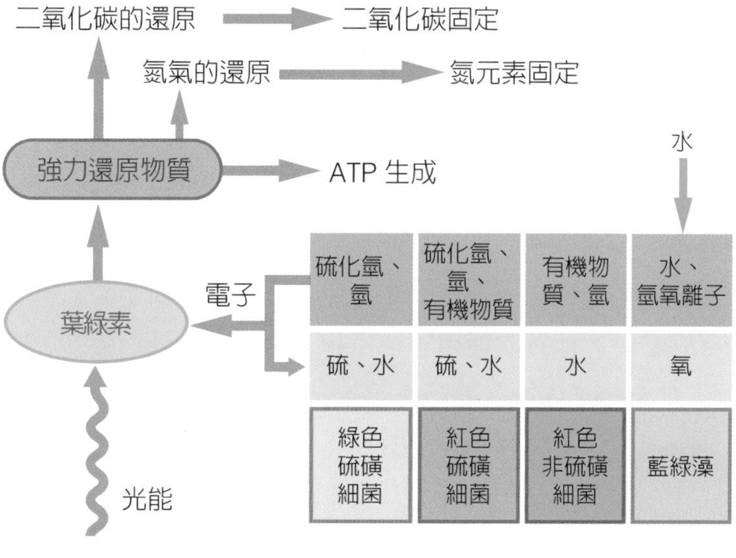

在光合作用中，稱為葉綠素的色素可吸收光的能量，製造具有強還原能力的物質。這種還原性物質可產生 ATP，還原二氧化碳與氮，並生成糖和氨。為了製造還原性物質，需要有電子或氫氣的輔助，在植物和藍綠藻中，可透過光能分解水獲得氫氧離子補充電子或氫，但光合細菌可自硫化氫、氫氣或有機物質中補給所需的電子或氫

（資料：西尾道德「土壤微生物的基礎知識」農文協）

維諾格拉茨基（Winogradsky）

●他是「土壤微生物學之祖」！

繼承「現代細菌學之父」路易斯・巴斯德（Louis Pasteur）與羅伯・柯霍（Robert Koch），俄羅斯微生物學家兼土壤學家謝爾蓋・維諾格拉茨基（Sergei Winogradsky）進一步將微生物學擴展開來，對土壤細菌進行了很多開創性的研究。

他的一項重大成就是，發現了將硫化氫氧化獲得能量，從二氧化碳合成自己細胞成分的「硫磺細菌（*Beggiatoa*）」，提倡化學合成自營性細菌的概念。之後，他對「鐵氧化菌」做了類似的研究，當時，他使用了只有鐵氧化菌才能生長的特殊培養基，這對後續微生物研究有很重要的影響，因爲「選擇性培養基」是目前研究及培養微生物一定會用到的工具。

●停不下來的研究企圖心

在此之後，他還發現了兩種細菌，可將銨鹽轉化成硝酸鹽的「氨氧化細菌」與「亞硝酸鹽氧化細菌」。他再次推斷，這些細菌的生長會受到有機物質的抑制，因此透過使用僅由無機物質所製成的選擇性培養基，讓世人了解，還有一種與把有機物質作爲營養完全不同類型的微生物。

接著他開始進行另一個研究主題，目標是將空氣中的氮轉化爲氨的細菌。在當時，他首次使用不含氮化合物的選擇性培養基，將厭氧性固氮菌（*Clostridium* 屬）純培養，並成功將它分離出來。

依上所述，維諾格拉茨基建立了前所未有的選擇性培養基概念，這概念對很多土壤微生物的研究，特別是化學合成自營性細菌的分離，有很大的貢獻。

謝爾蓋・維諾格拉茨基（Sergei Winogradsky，1856—1953）

第6章

生長在根周圍的土壤微生物

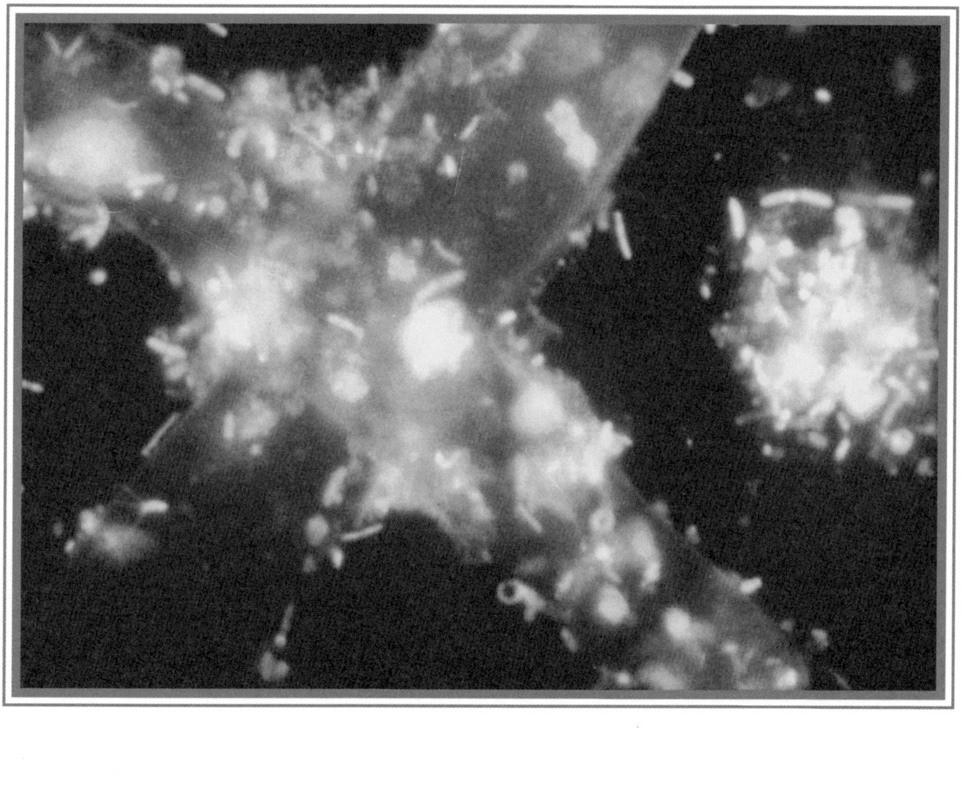

根圈土壤微生物

土壤微生物的活動集中在根圈

植物爲了生長會透過根吸收營養和水分，並進行呼吸作用。基於這個原因，根部周圍的土壤往往含有較少的礦物質與氧氣，而以二氧化碳的量較多。另一方面，植物會從根部分泌糖、胺基酸、有機酸、維生素等，而老化與枯死的根毛會脫落到土壤中，造成根的周圍富含各種有機物質。因此，根周圍的土壤不同於外側的土壤，在營養成分、pH值、水分含量等的環境條件都不一樣。這些根周圍的土壤被稱爲「根圈土壤」，而包括植物根部與根圈土壤範圍的稱爲「根圈」。所謂的根圈可分爲根的內部、根的表面、根的周圍，分別稱爲「內部根圈」、「根表面」及「外部根圈」。

在富含作爲土壤微生物食物之有機物質的根圈土壤中，微生物棲息的密度是外側土壤（非根際土壤）的幾十到幾百倍，細菌、放線菌、黴菌等都集中在根圈活動。

根圈範圍與土壤微生物的含量

所謂的根圈，其範圍到底多大？根圈土壤的環境條件，會依有機物質的含量與土壤的類型而有很大差異。此外，依土壤微生物的種類與數量，也會影響根系範圍的大小，故無法準確地決定根圈實際的範圍。根據下頁表格中顯示的測量數據，可以知道微生物密度自根表面到離根表面0．3毫米處約爲百分之一，而當離根表面1．8毫米時會降低至約千分之一。由上述結果得知，根圈大小約在幾毫米的範圍內，範圍出乎意料地狹小。

根表面是土壤微生物的食物寶庫

根圈是最多土壤微生物棲息的場所，而自根部所分泌的物質大都存在於「根表面」。特別是自根的前端部分（根冠附近），可分泌被稱爲「黏膠層（Mucigel）」的高黏度物質（包括多醣類、有機酸、胺基酸等），這種黏性物質覆蓋在根部表面，而土壤微生物就附著在上面。土壤微生物可將黏膠層分解，製造植物生長所必須的養分與賀爾蒙等物質。

此外，由黏膠層分解所產生的養分，亦可被提供給在外部根圈生長的土壤微生物，故生活在根表面的土壤微生物，扮演著根圈全體物質循環的重要角色。

根圈土壤的結構

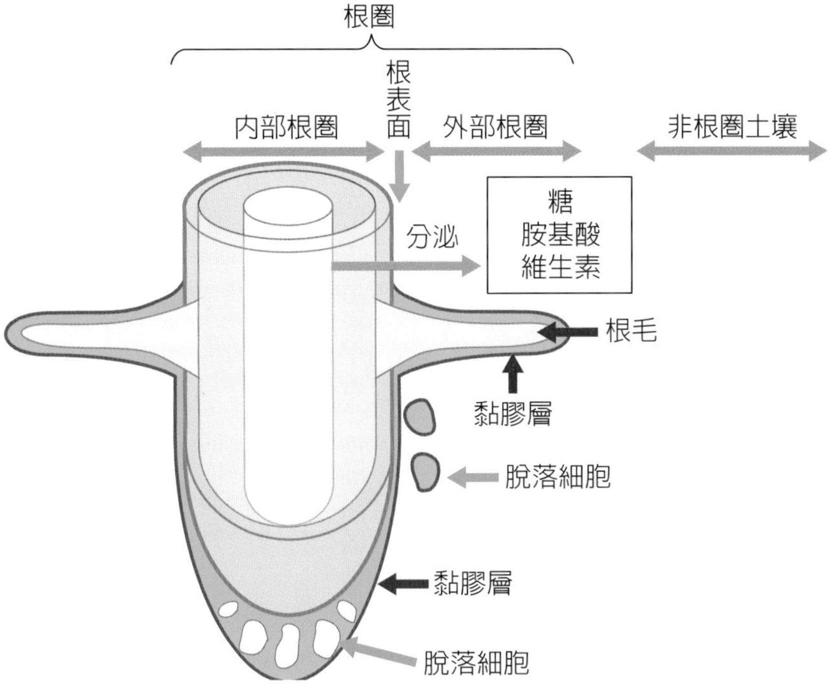

（資料：西尾道德「土壤微生物的基礎知識」農文協）

根周圍土壤微生物密度的比較

	與根表面的距離（毫米）		
	0	0.3	1.8
微生物密度（微克／立方公分）	1,509（100）	14.5（0.96）	2.19（0.15）
有機物質濃度（微克／立方公分）	0.262（100）	0.083（32）	（0.093）（35）

註：「標準」條件之田間土壤中，根系分泌開始後第 10 天，根表面距離微生物密度與作為食物之有機物質濃度的預測
括號內的數值，代表與根表面之距離等於 0 毫米時為百分比 100

（資料：Newman and Watson, 1977）

根的構造與土壤微生物

根的構造與功能

爲了了解根圈，首先必須認識植物根系的構造與功能。根的功能主要分成三個：①支撐植物避免倒伏、②從土壤中吸收養分與水分、③將吸收的養分與水分輸送到莖幹。

根最外側有「表皮」，而內側有「皮層」。皮層爲軟組織，儲存澱粉與鹽類等物質，並在細胞間隙中輸送氧氣。在皮層的內側有內皮，而在內皮前端靠近根的中心附近，有一個硬組織稱爲「中柱（維管束與髓）」。在中柱內，有可將自根吸收的養分與水分往莖幹輸送的「導管」，與將莖幹所製造的光合作用產物運送到根部的「篩管」。

在根的前端處有一個堅韌的「根冠」，在根冠的正上方有「生長點（頂端分生組織）」由根冠包著保護它。根在生長點處的細胞分裂很旺盛，而新形成的細胞則被拉長，接著將老細胞置換。老細胞從根部掉落，成爲微生物的食物。

在幼根的尖端附近，會出現直徑約10微米、被稱爲「根毛」的絲狀突起物。根毛是由表皮細胞所生長出的構造，而每個根毛由一個細胞組成。植物藉由大量根毛的生長來增加根的表面積，進而提高營養和水分的吸收效率。

進入根部的土壤微生物

在根部，細胞分裂很旺盛，作爲土壤微生物養分的「黏膠層（Mucigel，高黏度物質）」（第64頁）在根冠附近大量存在著，因此在這裡棲息最多的土壤微生物。雖然土壤微生物可在黏膠層的內部或在周圍的根表面生存並活動，但不容易從根部表面侵入到根部內部（內部根圈）。

由於根的內部組織是有機物質，對土壤微生物來說若能侵入根部，便能獲取有機物質作爲食物，但植物具有自我防禦機制，不會讓來自外部的微生物侵入體內。只有部分能夠突破這種防禦機制的土壤微生物，才能在內部根圈生存。

可侵入到內部根圈的土壤微生物只限於菌根菌（第68頁）、根瘤菌（第74頁）及具有土壤傳播性的病原菌（第78頁）等種類。其中，與根共生的有根瘤菌和菌根菌，而寄生在根部生長的則爲病原菌。

植物根部的構造

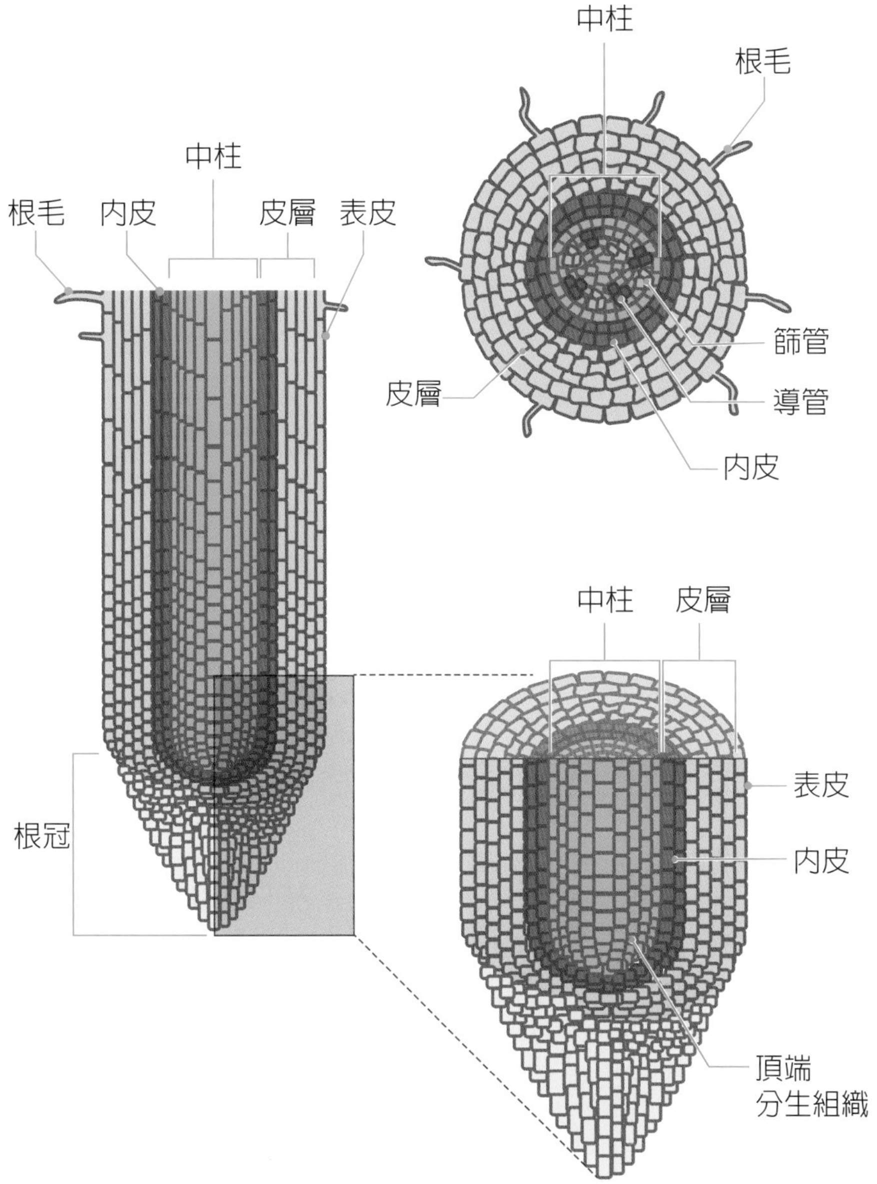

菌根菌的作用與種類

「共生」與「寄生」的不同

不同的生物相互作用，且各自接近彼此生活在一起，被稱爲「共生」。若再以互利或不互利的關係來分類，可細分爲「互利共生（雙方獲利的關係）」、「片利共生（只有一方獲利的關係）」、「片害共生（只有一方受傷害的關係）」、「寄生（只有一方獲利，另一方受到傷害）」。

然而在農業領域，一般情況下會將互利共生的現象直接稱爲「共生」。

菌根菌與植物的共生

可侵入植物的根內部，並與植物共存的土壤微生物中，有被稱爲「菌根菌」的眞菌（黴菌和蕈類）。所謂的菌根，意味著與眞菌共生的根，而與根部共生的眞菌稱爲菌根菌。

菌根菌爲菌絲侵入到根部的皮質層細胞，在獲得自根部供給之糖分的同時，透過菌絲自土壤中吸收磷等無機養分與水分，並提供給植物。由於在土壤中可被植物作爲養分利用的磷不多，而菌根菌可將土壤中的磷蓄集起來提供給根，因此對植物來說菌根菌的存在是非常重要的。同時，菌根菌亦自根獲得營養所需的有機物質，所以植物與菌根菌因互相利用與幫助而生存。

菌根菌的種類

最主要的菌根菌種類有「外生菌根菌」、「杜鵑類菌根菌」、「蘭花菌根菌」、「叢枝菌根菌（AM菌）」等。

外生菌根菌是菌絲不侵入根部細胞壁內側的菌根，主要是屬於擔子菌的眞菌（如蕈類等），可與松樹和山毛櫸等樹木的根部共生。

AM菌根菌幾乎可與所有陸生高等植物的根共生，是最常見的菌根菌。AM菌根菌，其菌絲可侵入根部皮層細胞，像樹枝一樣伸展形成「樹枝狀體」。AM菌根菌也被稱爲「VA菌根菌」（第72頁）。

外生菌根菌，因其菌絲不侵入根細胞內而命名；反之，菌絲可侵入細胞內的菌根菌，爲了方便起見總稱爲「內生菌根菌」。在這種意義上，AM菌根菌與杜鵑類菌根菌，皆屬於內生菌根菌。

「共生」與「寄生」的定義

互利共生	→ 雙方獲得利益
片利共生	→ 只有一方獲得利益
片害共生	→ 只有一方被害
寄　生	→ 一方獲得利益，另一方被害

注：在農業領域上，互利共生大多直接稱為「共生」

菌根菌的類型

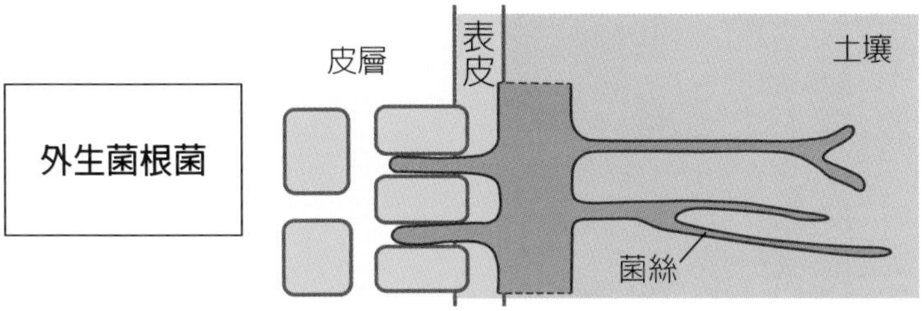

與松和山毛櫸等樹根共生的蕈類

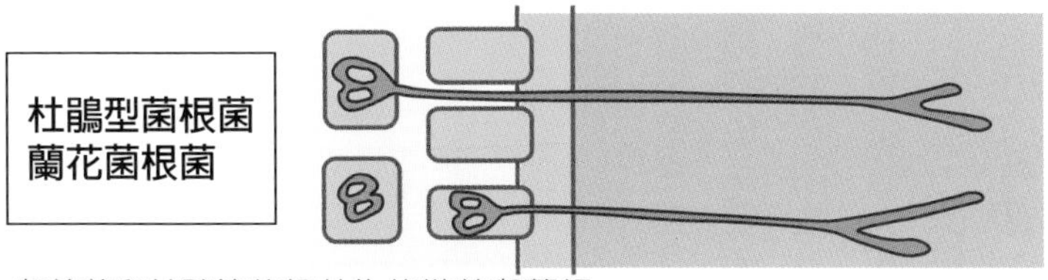

與蘭花和杜鵑等的根共生的黴菌與蕈類

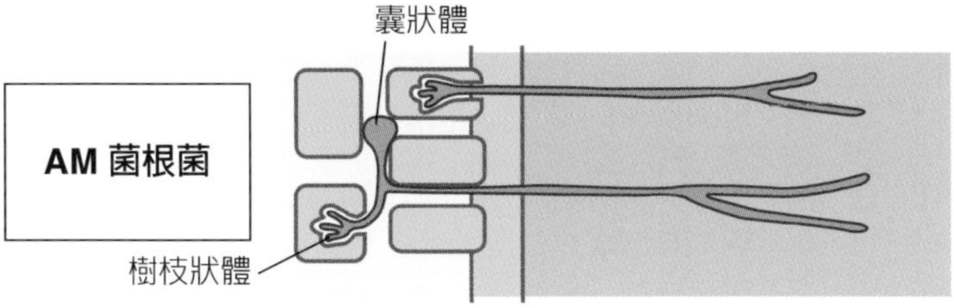

與所有高等植物根部共生的黴菌

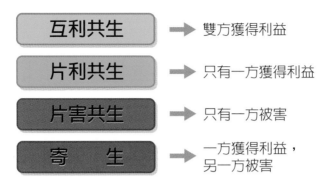

外生菌根菌的特徵

松茸是外生菌根菌的代表性例子

在森林中生長的蕈類有兩種，一種是生長在枯死與倒伏樹木的「腐朽菌」，另一種爲與還活著的樹根共生的「菌根菌」。前者包含香菇與舞菇等；後者的代表性例子爲松茸，松茸可將土壤中的磷等養分與水分蓄積後運輸給赤松，並自赤松獲得糖分等食物而生存。

代替根部活動的菌絲

松茸大多生活在以赤松爲中心的圓周處，這種現象是因爲在松茸下有外觀爲白色的物質，此白色物質爲直徑約數公尺且呈環形的菌絲團，以赤松爲中心向外側以畫圓的方式生長擴大。

附著在根部上的菌絲，會隨著根生長而延伸，當長出新的幼根時，它會被稱爲「菌鞘」的菌絲膜覆蓋，接著會穿過根的表皮向皮層細胞間生長，形成「哈氏網（Hartig Net）」構造。這時候的菌絲，不會再進一步侵入到皮層細胞中。菌鞘顏色與厚度等會依菌根菌的種類而不同，且每種菌鞘都具有獨特的形態。

已形成菌根的根，會變成短圓形，而形成網絡狀的菌鞘會代替根吸收養分與水分。由於只有根尖不被菌鞘覆蓋，因此根的生長不會被菌鞘所妨礙。

菌根菌的其他作用

眾所周知，當樹木感染外生菌根菌後可促進生長，這是因爲菌根菌有助於根從土壤中吸收養分；菌根菌亦具有代替根吸收水分的作用，而這就是樹木可提高耐旱性的原因。

此外，菌根菌還具有促進植物生長的另一重要功能：保護根細胞免受侵入內部根圈的病原菌爲害。利用菌鞘立即覆蓋在剛生長的幼根，可防止病原菌侵入細胞。即使病原菌進入根部，哈氏網結構也會抑制病原菌的增殖。甚至，菌根菌與菌根被認爲可產生對病原菌具抗生能力的物質，因此菌根菌可作爲保護植物免受病原菌侵害的屏障。

松茸與舞菇

赤松林

松茸生長在赤松的根部

赤松的菌根

（照片：奈良縣森林技術中心）

外生菌的菌鞘

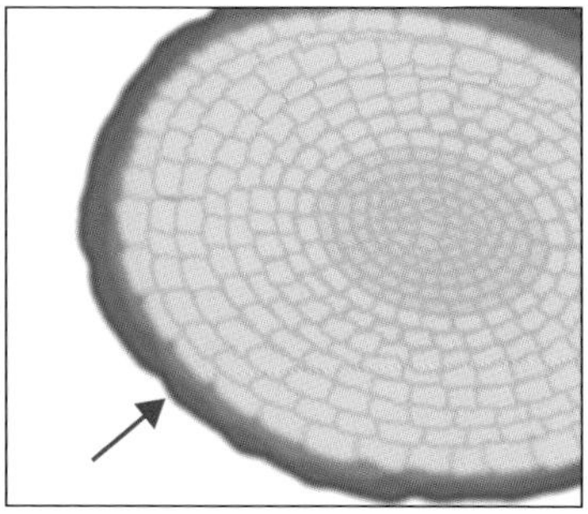

菌鞘（菌絲的膜）的模式圖

藍色部分是菌鞘，可防止病原菌進入細胞

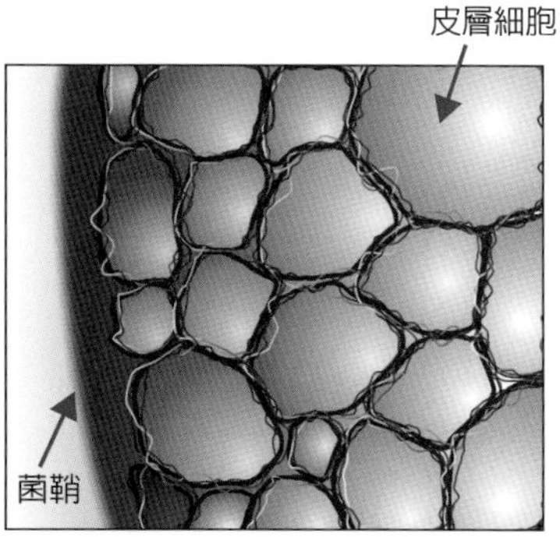

哈氏網（Hartig Net）的模式圖

菌絲在細胞與細胞之間生長而形成的結構

叢枝菌根菌的特徵

ＡＭ菌根菌的構造與作用

叢枝菌根菌（ＡＭ菌根菌），最早發現在草本植物，現在已知是一種幾乎可與所有陸生植物的根共生的眞菌（黴菌），是菌根菌中最常見的土壤微生物（目前已經鑑定的約１５０種）。ＡＭ菌根菌與根瘤菌不同，它可以與多種植物共生；它與外生菌根菌相同，可附著於植物的根部，並以菌絲進入皮層細胞間再侵入根的內部，而在土壤中，菌絲可延伸到很廣的範圍。

ＡＭ菌根菌與外生菌根菌的區別在於，侵入到根部的菌絲會被局限在皮層細胞的細胞壁內側，並形成樹枝狀的「叢枝狀體（Arbuscule）」結構，此外，ＡＭ菌根菌亦可在細胞間隙中形成袋狀的「囊狀體（Vesicle）」，因此若以這兩個英文字的字首字母來稱呼，就成爲了「ＶＡ菌根菌」。

在土壤中生長的菌絲前端可形成「孢子」。在一般情況下，孢子在土壤中呈休眠狀態，但當溫度升高且植物的根部生長旺盛時，孢子發芽的環境隨著變好，自孢子發芽長出的菌絲便能夠生長並在土壤中擴散。

ＡＭ菌根菌是磷的載體

ＡＭ菌根菌可提供植物不易吸收的無機養分，如磷、鋅、銅、鐵等，並自植物中獲得糖分而生長。特別是磷，由於磷是植物細胞成分的重要營養源，對於生長在磷濃度低的土壤中的植物，ＡＭ菌根菌提供了莫大的恩惠。另外，大多數農作物都可以與ＡＭ菌根菌共生。

植物自身只能吸收距離根部幾毫米範圍內的磷，但透過與菌根菌的共生，植物能夠獲得數十倍距離外的磷。從土壤中蓄積的磷，可被輸送到在根部內形成的叢枝狀體中，進而被植物吸收。然而近年來，因在農耕地大量使用含磷等無機養分的肥料，導致土壤中ＡＭ菌根菌的數量大幅減少。

ＡＭ菌根菌除了促進磷等養分的吸收外，亦有助於水分的吸收。因此，與菌根菌共生的植物可以在營養不良的土壤中生長，且有更強的耐旱性。與外生菌根菌一樣，ＡＭ菌根菌能防止植物根部被病原菌入侵。

AM 菌根的構造

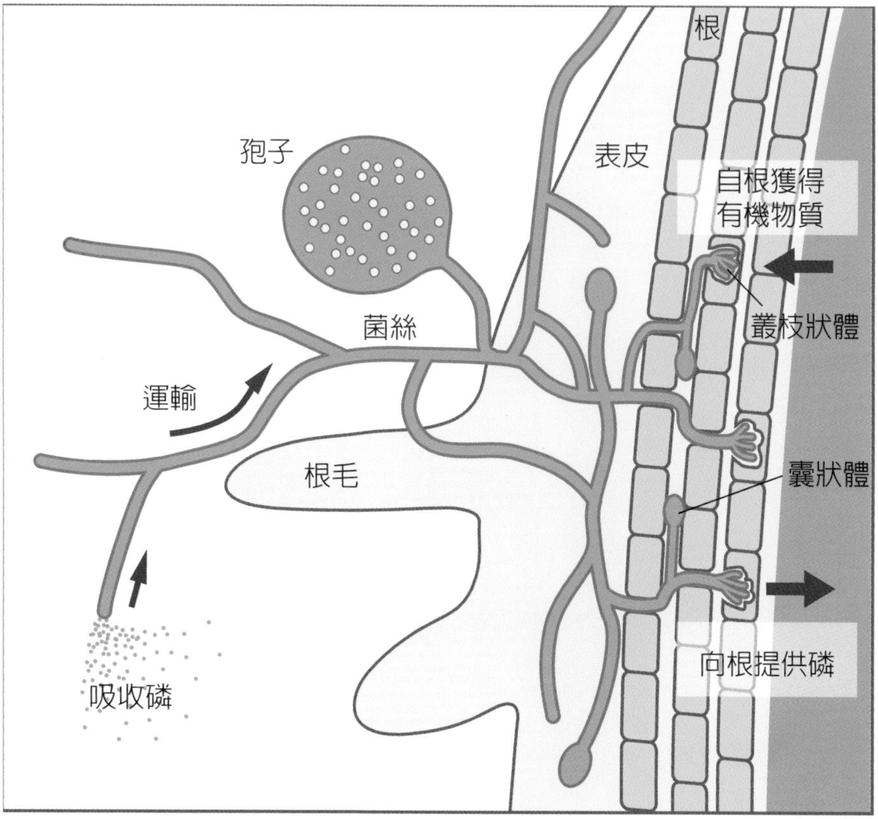

AM 菌根菌的有無與磷吸收量的關係

磷施肥量（毫莫耳／公斤）	AM 菌根菌的接種	菌根菌附著率（%）	乾重（毫克／植物）			乾重磷含量（微克／毫克）	
			根	莖葉	全體	根	莖葉
0	−	−	36	39	75	0.53	0.79
	+	74	51	58	109	1.34	1.98
0.2	−	−	57	63	120	0.75	1.02
	+	72	57	90	147	2.12	2.83
0.4	−	−	70	97	167	1.20	1.29
	+	63	60	104	164	3.00	3.11
0.67	−	−	87	132	218	1.77	1.57
	+	53	67	120	187	2.33	2.83

（資料：堀越、二井，2003）

共生固氮菌的特性

根瘤菌是提供植物氮素的共生菌

可侵入植物根部的內部（內部根圈），並與植物共生的土壤微生物，除了眞菌（黴菌與蕈類）的「菌根菌」外，還包括稱爲「根瘤菌」的細菌。

根瘤菌可侵入大豆等豆科植物的根部，並在根部產生大量直徑爲1至數毫米的瘤，稱爲「根瘤」。在根瘤中的根瘤菌失去增殖能力，並變成稱爲「細菌（Bacteria）」的形態。在根瘤的地方，可將空氣中的氮氣（空中氮素固定），轉化成植物可吸收之氨或胺基酸（麩胺酸）等養分，並向植物提供氮素成分。相反的，根瘤菌可接收來自寄主植物作爲能量來源的糖分。以這種方式與植物根部共生並將空氣中的氮氣固定的微生物，稱爲「共生固氮菌」（第36頁）。

在豆科植物中，除了大豆之外，還有三葉草、豌豆及紅豆等各種豆科植物，能與這些不同種類豆科植物共生之根瘤菌的種類是固定的，即只能在特定的寄主與根瘤菌組合下共生。此外，當土壤中不存在特定組合的豆科植物與根瘤菌時，根瘤菌與普通土壤微生物過一樣的生活，並不進行固定氮氣。

根瘤菌以外的共生固氮菌

根瘤菌不是唯一能與植物根部共生，且可固定大氣中氮氣的土壤微生物。即使是豆科植物以外的植物，在赤楊（*Alnus japonica*）與楊梅（*Morella rubra*）等樹木根部有被稱爲「弗蘭克氏菌屬（*Frankia*）」的放線菌共生並產生根瘤，與根瘤菌一樣可固定大氣中的氮氣。然而，與和特定植物組合的根瘤菌不同的是，弗蘭克氏菌屬的放線菌可以與數種植物共生。

研究根瘤菌與豆科植物共生的鑑定機制一直在進行，並以人工方式將根瘤菌接種到農田的豆科植物。這種方式可增加豆科植物的產量，對農業耕地有很好的效果。另一方面，針對弗蘭克氏菌屬的放線菌，與其共生作物的鑑定機制和氮素固定機制之基因層次上的研究亦正在進行。無論如何，將具有高固氮能力的弗蘭克氏菌屬接種到其他植物中，透過人工方式產生根瘤是可能的。因此，即使是豆科以外的植物，弗蘭克氏菌屬在氮素成分貧瘠又無法大量施用氮肥的土壤中亦能促進植物生長，其研究成果備受期待。

根瘤中的固氮

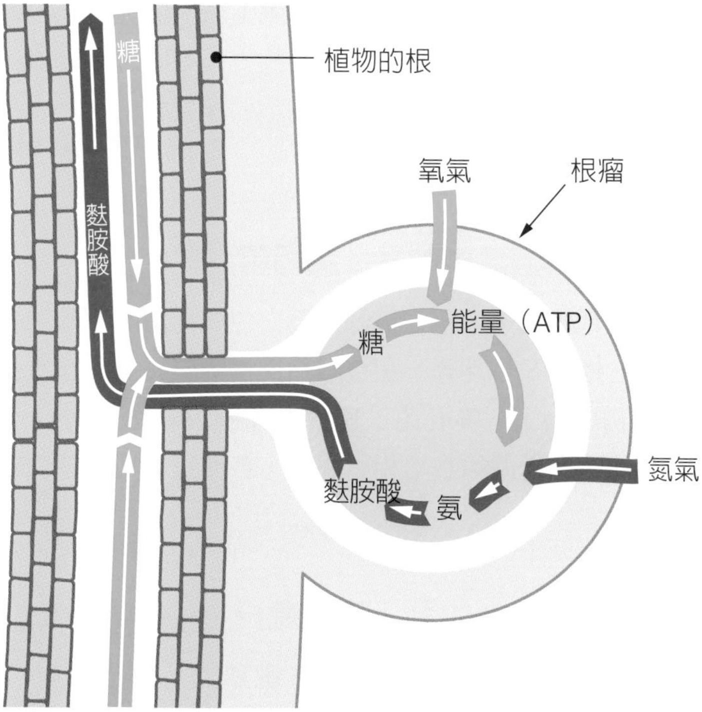

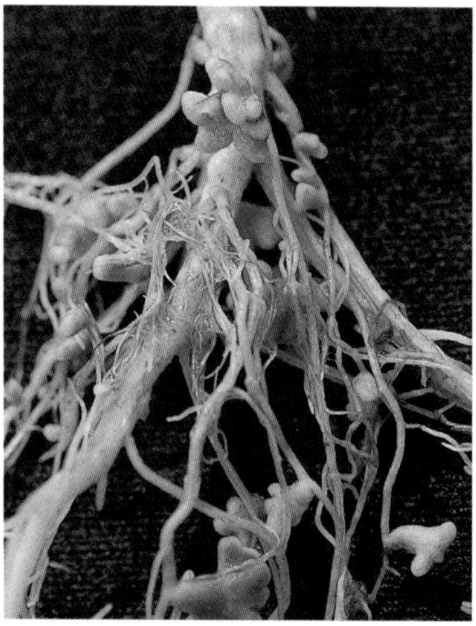

長柔毛野豌豆（豆科的一年生雜草）的根瘤

赤楊根瘤的切面

蕈菇類有兩種！

在森林中，經常會在落葉附近與腐木上看到蕈類，它與黴菌和酵母菌一樣同屬眞菌的一種。從吸收營養的方式來看，可將蕈類分成兩種：可分解落葉與腐木等已死亡生物細胞的「腐朽菌」，與和仍具生命之樹根共生的「菌根菌」。

●生長在腐木與落葉中的是「腐朽菌」

腐朽菌的代表例子，包含被歸類爲白色腐朽菌的香菇、舞菇、滑菇、金針菇、蠔菇、雲芝等，和被歸類爲褐色腐朽菌的瘤蓋擬層孔菌（*Fomitopsis palustris*）、多孔菌、耳狀網褶菌（*Paxillus panuoides*）等。與菌根菌相比，腐朽菌的栽培相對簡單，各種可食用的蕈類常於菌床上培養。

●生長在活的樹木上的是「菌根菌」

另一方面，生活在森林中的大多數蕈類，屬於可附著在活樹根上的菌根菌。蕈類生長在地上，但在地下與根相連。菌根菌的代表例子除了前面提到的松茸外，還有乳牛肝菌、松露、西洋松露（Truffle）、玉蕈離褶傘等。由於菌根菌僅與特定的樹根共生，因此很難透過人工栽培，作爲食用用途多屬於稀有且昂貴的蕈類。

菌根菌

附著在活樹根上

腐朽菌

生長在腐木與落葉中

第7章

寄生在根的土壤微生物

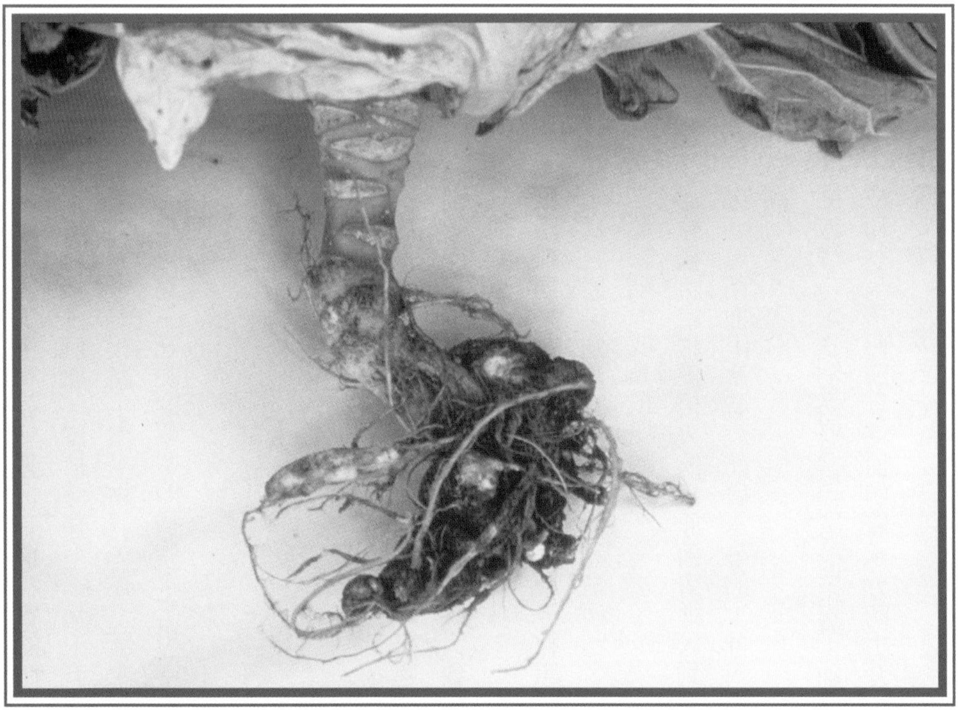

土壤傳播性病原菌的類型

土壤傳播性病原菌與病害

一種生物單方面從其他生物體中獲得營養物質等，而讓對方生物遭受危害之關係稱爲「寄生」。此外，在土壤中可突破植物根系的防禦機制，侵入到細胞內部（內部根圈），並自植物方面搶奪養分，導致植物生長不良的寄生菌被稱爲「土壤傳播性病原菌（病原微生物）」，而由這些土壤微生物所引起的病害被稱爲「土壤傳播性病害」。

在農業用地中，由於大面積栽培相同作物，因此一旦寄生在作物上的病原菌增殖，病害就有可能蔓延整個農田或水田。

土壤傳播性病原菌的分類

從生物的屍體或分解中的物質獲得能量與營養的微生物，被稱爲「腐生微生物」；有別於腐生微生物的特性，寄生在活體植物的病原菌被稱爲「非絕對寄生菌（未分化寄生菌）」；而寄生特性強，只能從活體植物中獲得養分的寄生菌，則被稱爲「絕對寄生菌（分化寄生菌）」。

非絕對寄生菌，是在根防禦功能較弱的部位，與其他腐生微生物競爭獲得有機物質的微生物，多數的土壤傳播性病原菌屬於該類型。另一方面，絕對寄生菌的競爭力較腐生微生物弱，在土壤中的增殖能力低，但可寄生在範圍較窄的活體寄主根部來存活。

根據病害的徵狀區分

主要的土壤傳播性病原菌有細菌、眞菌、放線菌、病毒等，其中以眞菌中的黴菌所引起的病害最爲常見。土壤傳播性病害依其病害徵狀大致可區分爲以下三種類型：

①**軟組織病**：是一種引起根部皮層等軟組織腐爛的類型，當它感染幼苗時形成「苗立枯病」，若感染已成長之植物則形成「根腐病」。

②**導管病**：自根部侵入的病原菌會進入到導管，當導管因病原菌而阻塞時會妨礙水分的上升，使莖幹出現萎凋型的病徵。

③**肥大病**：侵入到皮層等根部表面組織，細胞會異常膨大成瘤狀，擠壓導管進而妨礙水分的上升，導致莖幹出現萎凋的病徵。

土壤傳播性病害的類型

軟組織病

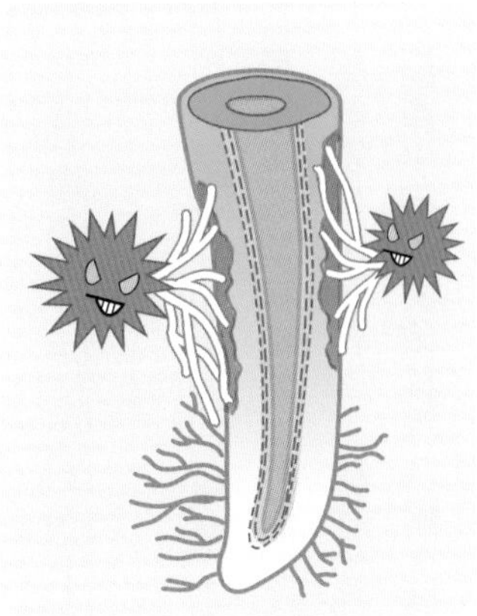

根的表層遭侵入導致軟組織腐爛的類型

主要的病害

○軟腐病（細菌）
○馬鈴薯瘡痂病（放線菌）
○根腐病（黴菌）
○苗立枯病（黴菌）等

導管病

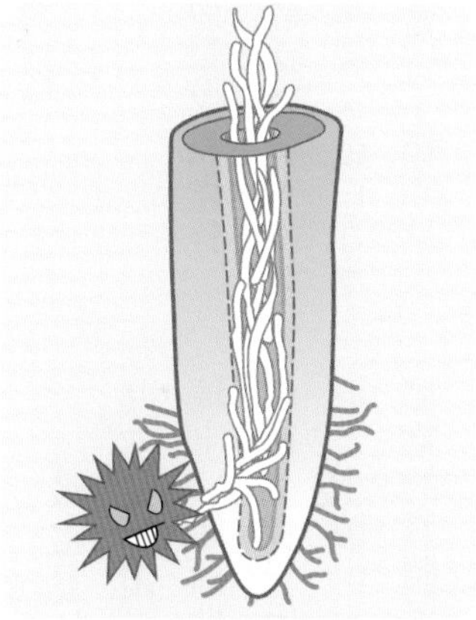

侵入根的導管並增殖的類型

主要的病害

○青枯病（細菌）
○蔓割病（黴菌）
○菌核病（黴菌）
○萎凋病（黴菌）等

肥大病

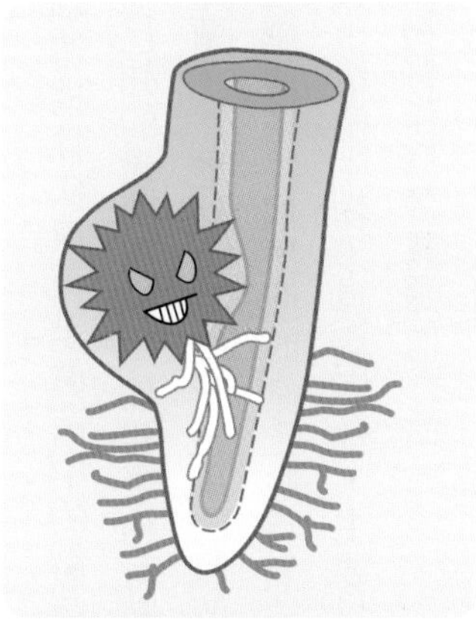

侵入根的表層，細胞會異常膨大形成瘤狀，而擠壓導管的類型

主要的病害

○根瘤病（黴菌）
○癌腫病（細菌）等

土壤傳播性病原菌的特徵與種類

由土壤傳播性病原菌引起的徵狀

當植物受到土壤傳播性病原菌感染時，會出現各種徵狀，這些徵狀會依病害的種類而表現出特異性。感染後的植物細胞或組織出現了形態的變化被稱爲「病徵」，若病徵僅出現在植物體部分區域的情形屬「局部性病徵」，如斑點或褐變等而全體出現的情形則是「系統性病徵」，如整株植物萎縮等。

此外，在植物表面上，因病原菌組織等出現而引起的外觀異常被稱爲「病兆」，例如感染白粉病的大麥會出現白色粉狀物等。

土壤傳播性病原菌的生活環

寄生在植物的病原菌，自植物體吸收養分，最後導致植物枯死。只能從活體植物中獲得養分的絕對寄生菌，在寄主植物仍活著的時候，就已在準備產生孢子與菌核等「耐久體」。當寄主植物枯死後，耐久體可作爲病原菌在土壤中持續存活的手段。一旦新寄主植物的根部出現在附近時，耐久體就開始發芽，菌絲再次生長並附著到根部，進而侵入細胞。然而，耐久體常常被其他土壤微生物吃掉，因此在土壤中只有沒被捕食之耐久體，才可成爲下一個植物的感染源。

在農業耕地上，反覆種植同一種作物而生長不良的「連作障礙」，因在已形成耐久體的附近，立即出現同樣種類的寄主作物，所以病原菌的數量沒有減少，反而是一直在增加。此外，由於有效防治土壤傳播性病害的農藥很少，因此存在很多會對作物造成嚴重病害的病原菌。

土壤傳播性病原菌的種類

最常見的土壤傳播性病原菌是眞菌中的黴菌，其次是細菌。目前已知的黴菌與細菌加起來約有數十種土壤傳播性病原菌，然地球上有成千上萬的眞菌與細菌生存，因此土壤傳播性病原菌的眞正數量無法掌握。土壤中大多數土壤微生物不具病原性，主要以動植物的殘體等有機物質作爲營養源而存活。

土壤傳播性病害，除黴菌與細菌等病原菌外，亦有無法將他們分類的種類，如由病毒引起的病害。

病徵與病兆

病徵　感染的結果，植物的細胞與組織出現形態的變化

- **局部性病徵**　病徵僅出現在植物體的某一部位
  （例：斑點、褐變、葉枯等）
- **全身性病徵**　病徵出現在植物全體
  （例：萎凋、萎縮、畸形等）

病兆　植物表面因病原菌組織出現所引起的外觀異常
（例：感染白粉病的大麥出現白色粉狀物等）

土壤傳播性病原菌的生活環

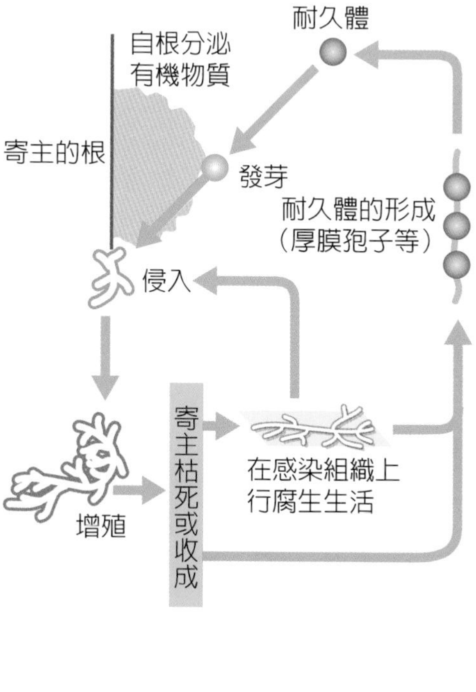

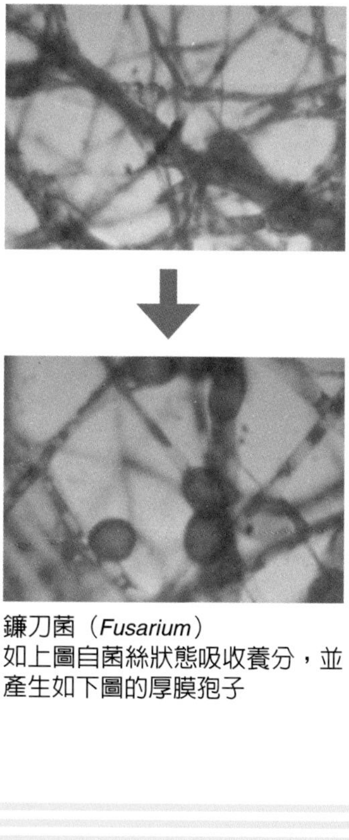

鐮刀菌（*Fusarium*）
如上圖自菌絲狀態吸收養分，並產生如下圖的厚膜孢子

黴菌引起的土壤傳播性病害

黴菌引起的病害與種類

土壤傳播性病原菌中，由黴菌感染引起的病害是最主要的，造成的損害最大，且病害類型也最多。以下是爲害農作物之黴菌代表種類及其病害的描述：

根瘤菌

根瘤菌（*Plasmodiophora brassicae*）是一種寄生在十字花科植物根部的黴菌，爲造成根部膨大壓迫導管而引起肥大病類型的絕對寄生菌，可感染如蕪菁、甘藍、白菜、青花菜等。由於自根部往莖幹輸送的水分與養分受到阻礙，因此植物全體呈現萎凋，嚴重時整株植物枯亡。在膨大組織中產生無數的休眠孢子，1公克膨大組織中約有10億個休眠孢子存在。

鐮胞菌

尖鐮胞菌（*Fusarium oxysporum*）爲引起土壤傳播性病害的重要病原菌。由這種眞菌引起的疾病是一種導管疾病，它侵入導管並阻礙水分上升到莖幹。每種類型的作物有許多不同的分化型，每種分化類型僅在特定作物引起萎凋病。例如，洋蔥與韭菜的乾腐病、甘藷與瓜類的蔓割病等。此外，被稱爲茄形鐮胞菌（*Fusarium solani*）種類的鐮胞菌，不侵入根的導管，而是引起表層軟組織腐爛之軟組織病類型的病害，爲菜豆等作物發生根腐病的原因。

鐮胞菌在土壤中可形成覆蓋有厚膜、被稱爲「厚膜孢子」之耐久體進行休眠，但當寄主植物的根在附近出現時，便可發芽並寄生在根部。因爲這種現象，鐮胞菌常引起連作障礙，並對作物造成嚴重損害。

立枯絲核菌

立枯絲核菌（*Rhizoctonia solani*）是主要代表的種類，可引起類似茄形鐮胞菌（*Fusarium Solani*）軟組織類型的病害，在土壤中可形成厚膜化的菌絲塊及菌核等耐久體來存活。主要病害包括水稻的紋枯病、胡蘿蔔或番茄的根腐病或苗立枯病、馬鈴薯的黑痣病及薑紋枯病等。

輪枝孢屬菌

爲引起導管病類型的病原菌，屬於大麗輪枝菌（*Verticillium dahliae*）種類的病原菌是爲害作物最主要的問題。輪枝孢屬菌可將黑褐色的菌絲聚集，並形成較硬、被稱爲「菌核」的耐久體。主要病害包括白菜的黃萎病、茄子或甜瓜的半邊萎凋病等。

黴菌引起之病害種類

根瘤病菌引起的病害（白菜：根瘤病）

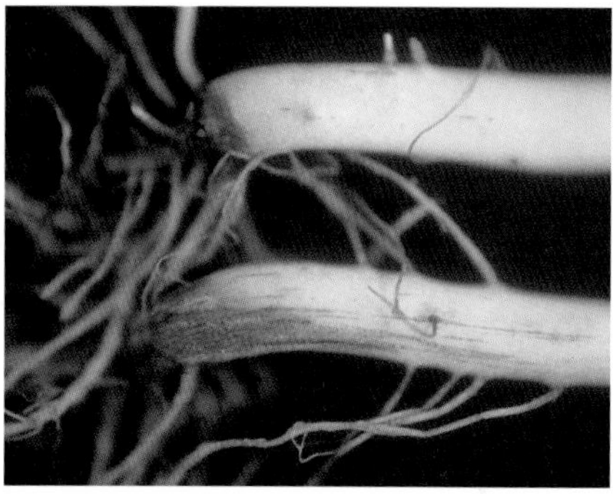

鐮胞菌引起的病害（菜豆：根腐病）

鐮胞菌引起的病害
（胡瓜：蔓割病）

立枯絲核菌引起的病害
（番茄：苗立枯病）

輪枝孢屬菌引起的病害
（白菜：黃萎病）

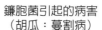

細菌引起的土壤傳播性病害

細菌引起的病害與病原菌

除黴菌外，可造成作物嚴重損害的病原菌種類還有細菌。以下針對主要病原細菌種類與其引起的病害作說明：

青枯病菌

所謂的青枯病，是由青枯病菌（*Ralstonia solanacearum*）侵入植物導管，阻礙水分上升所造成的導管型病害，莖幹的葉片會急速枯萎，在植物仍爲綠色狀態下枯死，因此命名爲青枯病。青枯病菌能夠感染番茄、茄子、馬鈴薯等多種植物（超過200種），即使青枯病菌附近無寄主植物存在，也能在土壤中存活多年。一旦寄主植物出現，可再次開始活動並感染植物。因此，若曾發生青枯病菌，就很難從土壤中將它完全排除。

軟腐病菌

爲引起軟腐病的病原菌（*Pectobacterium carotovorum* subsp. *carotovorum*，舊名爲*Erwinia carotovora* subsp. *carotovora*），主要侵入植物根部的軟組織，可分泌酵素溶解連接細胞間的果膠質，導致組織軟化腐敗。軟腐病菌可以侵染各種植物，如番茄、青椒、白菜等蔬菜，以及仙客來和鳶尾花等花卉。

柑橘潰瘍病菌

這種病原菌（*Xanthomonas axonopodis* pv. *citri*，舊名爲*Xanthomonas campestris* pv. *citri*）可感染檸檬等柑橘類植物，在葉、莖及果實產生潰瘍的褐色病斑。在多雨季節，此病原菌容易生長，特別是在颱風過後，植物容易被刮傷，導致病原菌易從傷口侵入。此病原菌不僅發生在日本，在全世界都有柑橘被感染的情形，栽培農家必須要有好的防治策略。

癌腫病菌

癌腫病菌（*Agrobacterium tumefaciens*），是引起肥大病類型的病原菌，容易從根等傷口部位侵入，可感染表層等細胞，形成異常腫大的瘤狀物並擠壓導管。受感染後，根會形成大小不一的瘤狀物，導致植物莖幹發育不良，但不會引起整個植物死亡。此病原菌可感染蘋果、葡萄、紅柿等果樹，並造成嚴重損害。

細菌性穀枯病菌

細菌性穀枯病菌（*Burkholderia glumae*，舊名爲*Pseudomonas glumae*）除主要感染水稻引起穀枯外，亦可感染其他種類的牧草。在日本，容易發生在西南部溫暖的地區。日本各地的稻農，都有針對此病害採取各種防治措施。

細菌引起的病害與種類

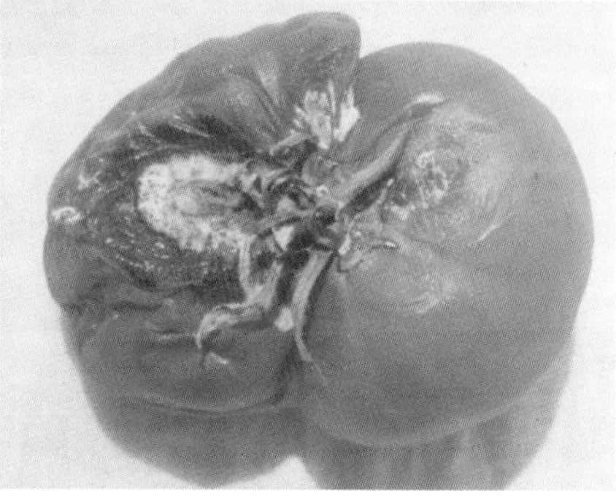

軟腐病菌引起的病害（番茄：軟腐病）

青枯病菌引起的病害
（番茄：青枯病）

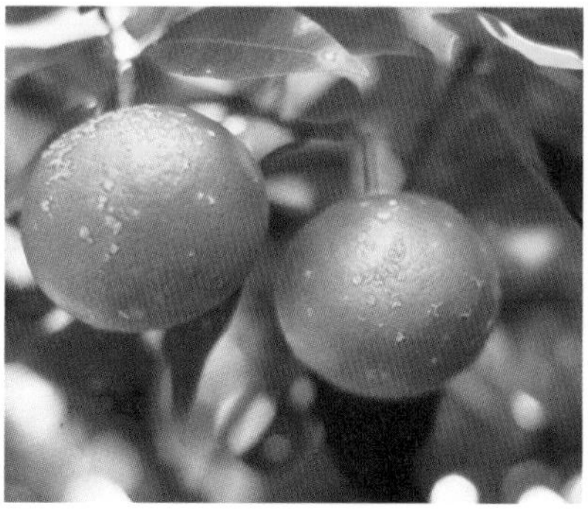

柑橘潰瘍病菌引起的病害
（柚子：潰瘍病）

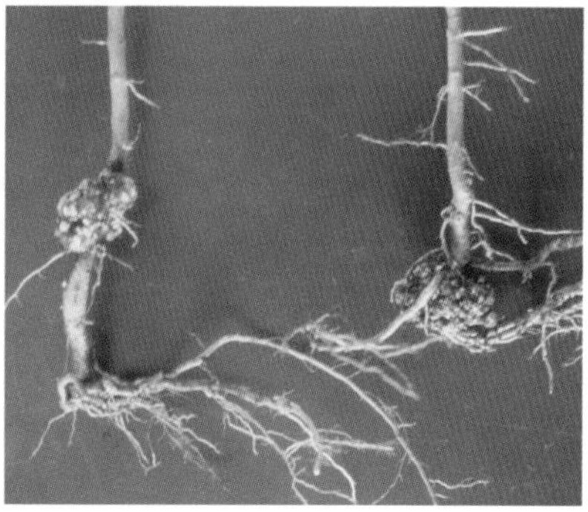

癌腫病菌引起的病害
（蘋果：癌腫病）

細菌性穀枯病菌引起的病害
（水稻：穀枯病）

放線菌與病毒引起的土壤傳播性病害

放線菌、病毒引起的病害與病原菌

雖然大部分的土壤傳播性病害都是由黴菌與細菌所引起的，但仍存在少部分會寄生並爲害植物的病原微生物：

馬鈴薯瘡痂病菌

所謂的「瘡痂病」，是在感染部位形成結痂狀之病斑的病害總稱，除馬鈴薯外，還可引起多種植物發生病害，如白蘿蔔、胡蘿蔔、甜菜等。病原菌的種類，會依寄主植物種類不同而有差異。例如，柑橘類的瘡痂病是由黴菌引起的，而馬鈴薯瘡痂病，則是由鏈黴菌屬中的幾種放線菌（*Streptomyces acidiscabies* 等）引起。馬鈴薯瘡痂病，在塊莖（薯的一部分）會隆起很多褐色圓形的小斑點。即使附近沒有寄主馬鈴薯存在，這個病原菌也可以在土壤中長時間存活。

病毒

病毒可複製與自己相同的遺傳訊息，擁有作爲生物的特性，但因爲其體內沒有任何被稱爲細胞的物質，無法在不利用其他生物細胞的情況下生長，因此不被歸類爲生物。然而，當它侵入植物後，可自我複製後代，所以被視爲是生物型的病原體，目前已知有20多種土壤傳播性病毒。

不同種類的病毒具有不同的感染模式。大多數的病毒會以昆蟲等其他生物作爲媒介，但也有從根表面上的傷口侵入而感染的種類，如菸草嵌紋病毒。此外，亦有病毒可利用土壤中棲息的絕對寄生黴菌〔*Olpidium*（壺菌）或 *Polymyxa*（黏菌）〕作爲媒介而傳播。

受到病毒感染的植物，於葉或花瓣上會出現嵌紋狀的斑點，亦會發生捲葉等生長不良的徵狀。然而，若只是透過外部病徵，無法了解是由哪一種病毒所引起，因此爲了要擬定防治策略，有必要透過正確的診斷來辨識病毒。

日本代表性土壤傳播性病毒的病害，有可感染辣椒與青椒引起「嵌紋病」的椒類微斑病毒（*Pepper mild mottle virus*）、感染胡瓜引起「綠斑嵌紋病」的胡瓜綠斑嵌紋病毒（*Cucumber green mottle mosaic virus*）、感染鬱金香引起「鬱金香微斑嵌紋病」的鬱金香微斑嵌紋病毒（*Tulip mild mottle mosaic virus*）等。

不管是哪種病毒，一旦發生就會對作物造成嚴重爲害，在擬定防治對策上相當困難。因此，病毒病害對農民來說是非常令人頭痛的一種病害。

放線菌引起的病害

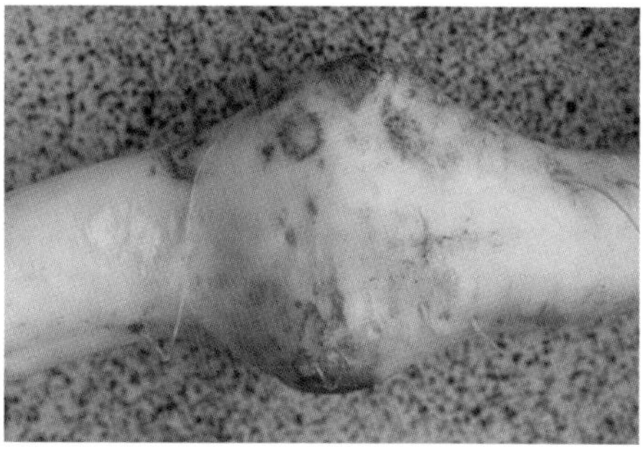

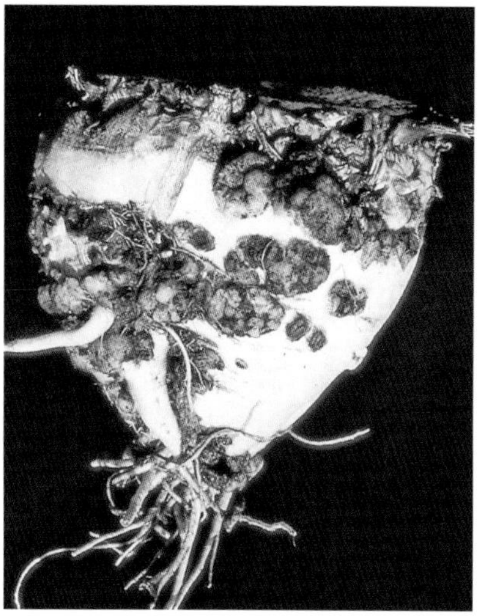

馬鈴薯瘡痂病菌引起的病害
（上—白蘿蔔、右—甜菜：瘡痂病）

病毒引起的病害

椒類微斑病毒（略稱 PMMoV）
引起的嵌紋病（青椒）

鬱金香微斑嵌紋病毒（略稱 TMMMV）引起的鬱金香微斑嵌紋病

寄生在根的土壤微生物

植物防止病原菌入侵的自我防禦機制

作爲寄主植物，雖然看似無法做任何事，但也不是完全消極坐等病原菌的入侵。植物具有稱爲「抵抗性」的、對抗微生物侵入的防禦特性，抵抗性可分成「靜態抵抗性」與「動態抵抗性」兩種。

●以靜態抵抗性防止敵人侵入！

所謂靜態抵抗性，是指植物天生具有的防禦機制，即防止敵人入侵的堅硬表皮，以及抵抗入侵菌類的抗菌物質。代表例子爲馬鈴薯芽中含有的茄鹼（Solanine）。

●以動態抵抗性擊倒敵人！

動態抵抗性是在寄主植物受到病原菌侵入後發生的防禦機制，爲使感染程度限制在最小的範圍，植物細胞會產生各種不同的現象。例如，當病原菌接觸到植物的細胞表面時，爲了防止最初的侵入，在細胞壁的內側會形成稱爲「乳突（Papilla）」的乳頭狀障礙物。此外，被侵入的細胞周圍會變硬以抵抗進一步的入侵，並透過殺死自身的細胞，進行稱爲「過敏性反應」的手段，以殺死已侵入細胞內的病原菌。

另外，在感染部位會分泌一種平常不存在的抗菌物質，稱爲「植物抗菌素（Phytoalexin）」來保護自身。目前已確認的植物抗菌素超過 100 種。

只有能夠突破植物這麼多自我防禦機制的寄生菌，才能進一步侵入到寄主的細胞。

動態抗性與靜態抗性

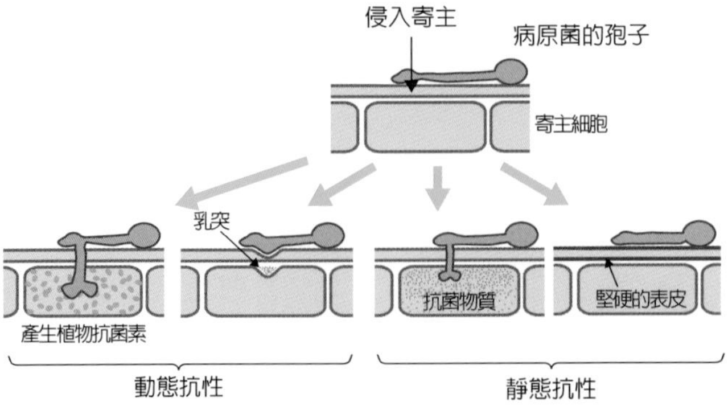

第8章

土壤特性與土壤微生物

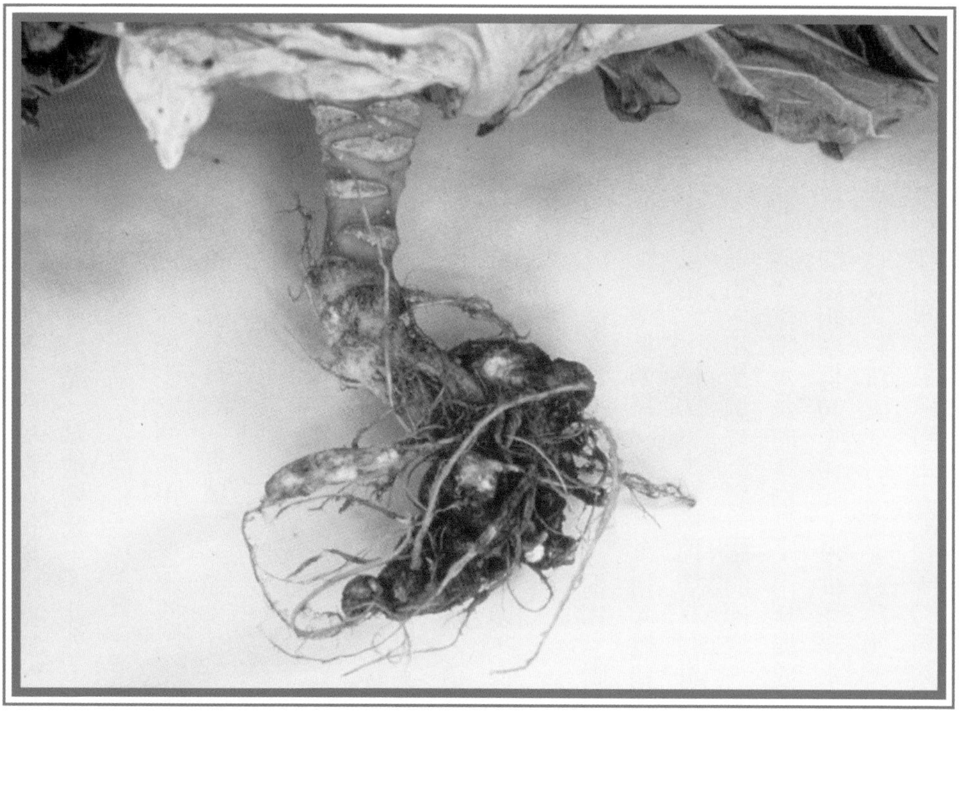

土壤的形成①——從土到土壤

「土」與「土壤」有什麼區別?

「土」與「土壤」都是表示覆蓋大地的用語，但它們的含義不同，一般會將它們區別使用。當岩石受到風化後會成爲「土」，不單是將岩石細微化，還透過生物的作用變成適合植物生長的狀態，此時即「土壤」。

譬如說，地球表面與月球表面都存在有「土」。然而，在沒有空氣和水的狀態下，由於太陽的影響導致紫外線與溫差很大（130~負170℃），月亮上的岩石會被風化成微粒子（粉末）。這些粉末是灰塵，不能稱爲「土壤」。另一方面，被大氣包圍的地球，在溫差小（40~負40℃）的狀態下有水。因此，風化的岩石微粒子中黏附著分解有機物質的微生物，可生成碳、腐植質等，形成了適合生物生長的「土壤」。

沒有生物的作用就沒有土壤!

不只有崩壞等物理性的粉碎才能將岩石變成土壤，生物也有將岩石轉化爲土壤的能力。

當岩石表面凹陷與龜裂處蓄積水分，形成適合的潮溼環境時，首先侵入的是可以利用太陽能的「苔蘚植物」。隨著苔蘚植物慢慢增殖擴散，被苔蘚覆蓋的岩石表面會一點一點地變成土。此外，可利用無機物質與有機物質的各種微生物，會在這類土壤中生存。透過多種微生物的作用，逐漸將「土」的性質轉變成適合植物生長的「土壤」。

土壤物理性的指標——「土壤中的三相」

作爲土壤最初來源的岩石很重，但土壤卻很輕，且岩石不含水，而土壤可能會含有水。這是因爲由小礦物顆粒組成的土壤中存在許多空隙，而這些空隙中包括空氣和水。

構成土壤之黏土等礦物質被稱爲「固相」，水爲「液相」，空氣則爲「氣相」。這些體積比率是「土壤中的三相」，爲顯示土壤物理性質的重要指標。

土壤的三相比例會影響土壤的硬度、透水性及保水性。適合作物生長的比例是，由無機成分與有機成分組成的固相率爲40~50%，提供作物水分與作爲離子被根吸收之肥料成分的液相率約爲20~30%，與作爲提供作物根部氧氣角色之氣相率約爲20~30%。

看土壤表面

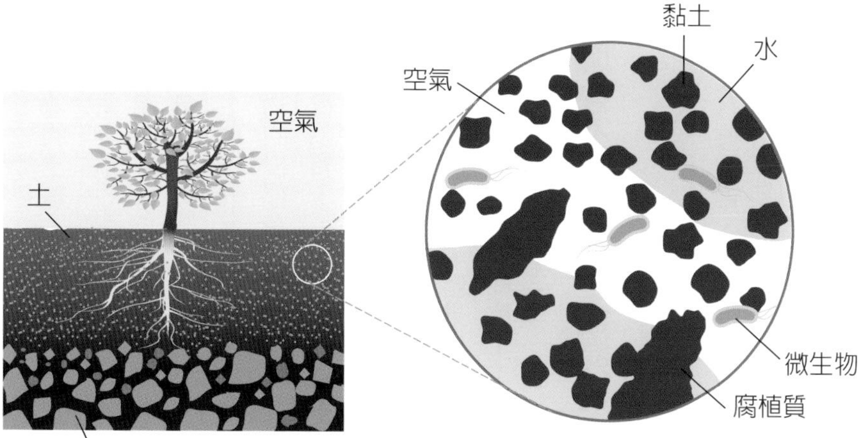

土壤由物理或化學風化以及微生物作用而形成。在沒有生物的月球上，不能形成腐植質等，即使能形成「土」但無法成為「土壤」

土壤中的三相

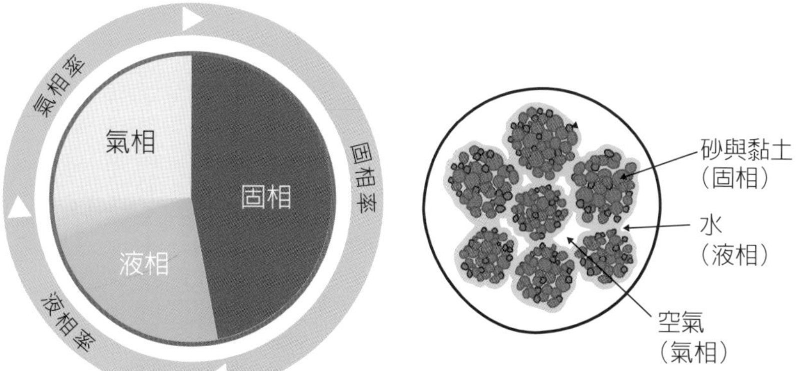

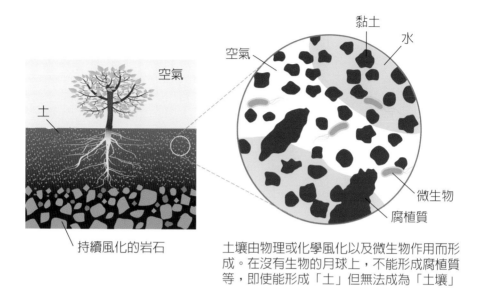

土壤的形成②——從土壤到土

變成肥沃的土壤

當新的土壤上長出矮小的草類時，可透過這些草類的根與微生物的作用生成越來越多的土壤，形成灌木可以生長的環境，進而演替成高聳的樹木，最後變遷成植物群落。

地上植物群落的變化對地下的影響也很大。各種植物的根部在生長過程中，可將岩石溶解並釋放出有機物質，這些有機物質可變成微生物的能量（食物），同時產生細小的孔隙。透過這種方式，根的作用可促進岩石的分解，並且隨著微生物被活化，腐植質會累積。結果，新的土壤誕生了，而比較深的意義爲岩石層變成了土壤層。

土壤會不斷重複生成與消失

當大型植物在土壤中生長時，落葉等可促進提供地表有機物質，再以這些物質作爲原料逐漸累積腐植質，進而成爲比較肥沃的土壤。

然而，隨著時間的推移，土壤中的養分會逐漸滲出，使養分變少，逐漸變成不適合植物生長的環境，接著轉變成「土」。

在數百年到數萬年的時間中，土壤會經由這種方式誕生與消失，消失後會再生成，一直重複著。

日本土壤的種類

根據生長因子與地形，土壤的性質會不同，可依其母質、堆積模式、性狀等進行分類。

在日本，自1953年（昭和28年）農林省（現農林水產省）之施肥改善事業中所使用的「施肥改善方式土壤分類」開始，於1957年（昭和32年）公布了「農耕土壤分類第二次案」，並以這個基礎上編纂了詳細的日本全國土壤圖。接著，在1994（平成6年）年由農業環境技術研究所發表了第三次案外，亦提出了各種分類方法，如森林土壤的分類與日本國土調查中所使用的土地分類法等。下一頁所要介紹的是，以一般較常使用之「農耕地土壤分類第二次案改訂版」爲基礎的17種土壤區分與其特徵。

目前世界所使用的土壤分類，爲美國於1975年所提出的「Soil Taxonomy（土壤分類學）」，但1998年國際土壤學會與聯合國糧農組織（FAO）／聯合國教科文組織（Unesco）整合全世界的土壤圖，將土壤分類的方法統一化。

土壤的種類與特徵

土壤的種類	特徵
岩屑土	分布在山區、丘陵地等的傾斜面，土層為淺層之地表約30公分以內的礫石層。大多分布在中國、四國地區，主要用於樹園
砂丘未熟土	可由風運送之沙子組成的粗粒土。分布在日本海地區、靜岡、高知、南九州等沿岸。在有灌溉用水的地方，可以作為耕地使用
黑色土	以火山灰作為母質，表層有很多黑色腐植質。磷酸易於固定，物理性能良好。分布在北海道、東北、關東及九州地區。作為農耕地與樹園用地使用
潮溼黑土	黑土在地下水或灌溉水的影響下，土壤層中會產生鐵與錳斑紋的土。排水有些不佳。主要用於水稻栽培
黑色沼澤土	位於地下水位較高排水不良的黑色土，地下水位較高，下層有灰色黏土層。主要分布在關東地區以北，主要用於水稻栽培
褐色森林土	分布在丘陵與山坡等排水良好的地方。在林地中具有很多腐植質之深色的表層，但在農耕地腐植質通常較少
灰色臺地土	分布在臺地上，雖然呈現灰褐色，但在下層有鐵、錳的斑點與硬核。分布在全國各地，主要作為農耕地
暗色臺地土	存在於臺地、某些山區及丘陵地，因為黏性強而排不良形成灰黏質層。分布在全國各地，主要作為農耕地
紅色土	分布於臺地與丘陵地帶的排水良好區域。腐植質較貧乏，下層土壤顏色為紅色或紅褐色。因為很密實故透水性非常差。用於農耕地、樹園
黃色土	腐植質含量低，下層的土壤顏色呈現明亮的黃色或黃褐色。透水性與透氣性小。紅色土分布在年代較久平台表面，而黃色土則分布在較新的平台表面
深紅色土	以石灰岩或鹽基性岩為母質的土，下層呈現深紅色。因具強黏質性故栽培較難，可耕地多在較淺的地方。主要作為農耕地
褐色低地土	分布在良好的排水區域，如沖積地區的天然堤壩和沖積扇
灰色低地土	灰色土廣泛分布於沖積地區。表層的腐植質含量少，或表層腐植質層很薄。主要作為水田用。地力很高
灰黏土	沉積在沖積地的凹陷地，由於排水不良導致水分過剩，因缺氧而處於還原狀態形成灰黏層。主要作為水田用
黑泥土	將泥炭分解使大部分植物組織變成無法被辨識之物質後與土壤混合後形成
泥炭土	顏色為黃褐色或紅褐色，可從肉眼確認構成植物的組織
造成臺地土、造成低地土	因農耕地開發、耕地整備、深耕、表層與深層土壤交替等大規模土壤層移動而被進行攪亂後的土壤

適合作物栽培的土壤條件

形成「土壤團粒」方式

所謂適合作物栽培的土壤需具備：

．因降雨而積聚的水，能適度被保留及排出

．能供應充足的氧氣與溶於水之肥料成分給根

這是作爲適合栽培的土壤必要條件。由於土壤中需要有適度的間隙（孔隙），因此必須讓土壤的「團粒結構」很發達。所謂的團粒結構，爲具有作爲肥料成分貯藏功能的土壤顆粒（黏土）結合形成集合體的狀態，而這個集合體可進一步形成集合體。因土壤顆粒爲帶負電荷，不會互相排斥而不結合在一起，因構成土壤顆粒的鐵與鋁（具有正電荷），可藉由微生物所代謝出的物質（有機物質），將腐植質和植物根部與土壤顆粒。另外，微生物體周遭所分泌的黏性物質可具有作爲黏著劑直接黏合功能。

土壤顆粒可透過有機物質的力量結合成被稱爲「有機．無機複合體」的物質，依此方式結合可形成微小團粒（一次團粒）。進一步，像堆肥一樣大體積的有機物質與像絲狀眞菌的大型微生物結合後，可產生大團粒（二次團粒）。有機．無機物複合體可形成具強韌的團粒，爲加入水後也不會崩壞具耐水性的團粒。

團粒的特徵與機制

當土壤團粒化時，土壤中的間隙會增加。依這個結果，會改善透氣性與排水性，而存在於微小間隙中的水分可使含水特性更好。

在下一頁的圖中，顯示了土壤顆粒的排列情形。假設土壤顆粒都具有相同的大小，在垂直與水平方向皆整齊排列狀態（正排）下計算的間隙約爲48%，在交替排列的傾斜排中約爲26%。對照上述兩種排列方式，當團粒結構形成時會有60%以上，且當形成更複雜的二次團粒時，間隙會達80%以上。

此外，隨著團粒的發展可增加間隙的大小，而這也是成爲排水與保水良好土壤的因素。

【與1日元硬幣相同重量的土壤中，約有1兆的微生物！】

在團粒的間隙中，生存著可利用空氣與水的土壤微生物。絕大多數是細菌，但蕈類與絲狀眞菌等眞菌因體形較大，因此從重量來看，眞菌是最多的。生活在這些土壤中的生物數量還不到土壤有機物質中的1%，但由於體積小，所以數量非常多，依最近直接以顯微鏡觀察結果得知，與1日元硬幣相同重量的土壤（乾土爲1公克）中，被觀察到約有1兆個微生物。

土壤顆粒的排列與間隙率

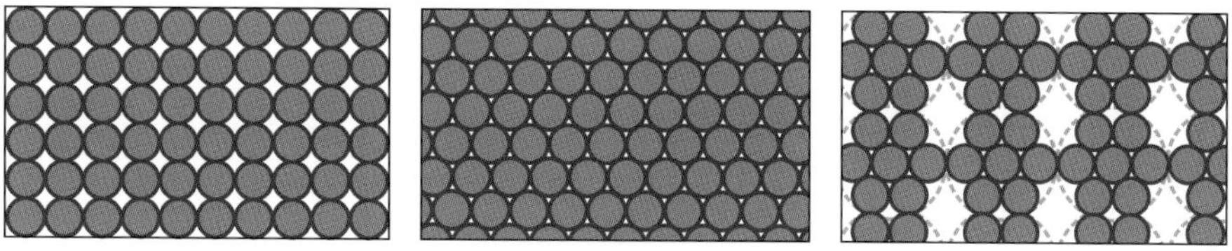

單粒（整齊排列）
（間隙率 48%）

單粒（交錯排列）
（間隙率 26%）

團粒結構（間隙率 61%）

土壤中的微生物

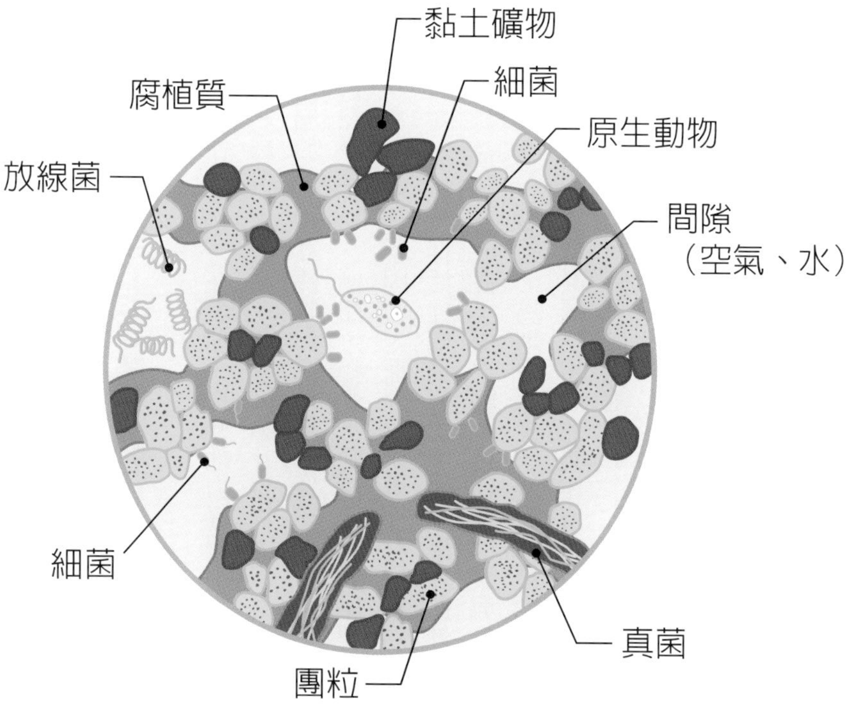

（資料：藤原俊六郎「新版 圖解 土壤的基礎知識」農文協）

土壤的性與地力

測量土壤能力的「基準」

土壤不只有土，還包含空氣、水、有機物質、礦物質等構成，而構成比率依土壤不同而有很大的差異。此外因存在有諸如微生物與植物根部等的生物，由於結合了這些複雜性進而產生各種特性的土壤。在農業方面，可依作物生產力判斷優劣，但作物生產中土壤的能力被稱爲「地力」（亦可表示爲土壤肥沃度與土壤生產力）。所謂的地力，是屬於土壤綜合能力的表現，不僅包含構成土壤的自然條件，還包括被栽培作物與栽培方法等農業條件。

什麼是地力的因素？

所謂的地力，如下頁圖所示，要考慮能符合所有的「物理因素」、「化學因素」及「生物因素」。

【物理因素】犁層與與有效土層的厚、耕作難易度、保水與排水性、耐風蝕與水蝕的能力等。

【化學因素】養分的保持能力與供應能力、土壤緩衝能力（pH）、氧化・還原能力、重金屬等有害物質的存在與否等。

【生物因素】有機物質分解能力、固氮能力、對病蟲害的緩衝能力等。此外，亦包含微生物分解有害化學物質與物質循環功能對生態系的影響等，被期待能對環境做出貢獻。

為了能發揮、提升地力

在發揮、提升地力過程中不能忘記的是，這些物理因素、化學因素及生物因素爲「非單一效應，而是相互關聯形成最適合作物栽培的條件」。

例如，在表示肥沃度時的保肥力包含物理因素與化學因素，而介於土壤顆粒與植物根部之間的微生物多樣活性則具有加乘的效果。此外，由於團粒結構的形成使土壤柔軟，爲物理因素與生物因素共同作用的效果，另地力氮素的發現亦被認爲是生物要素與化學要素共同作用的效果。所以，當各因素間形成良好的平衡時可形成地力。

近年來，全國展開了「土壤製造運動」，進行有機物質等的施用，然未達到所預期的效果。其理由在於，如上所述，地力可以說是總合所有因素的效果產生的。爲了提升地力，不只是單方面改良磷酸的吸收與深耕而已，還要了解每個因素的相互關係，因此必須牢牢記住要從整體的改良著手。

構成土壤的物質

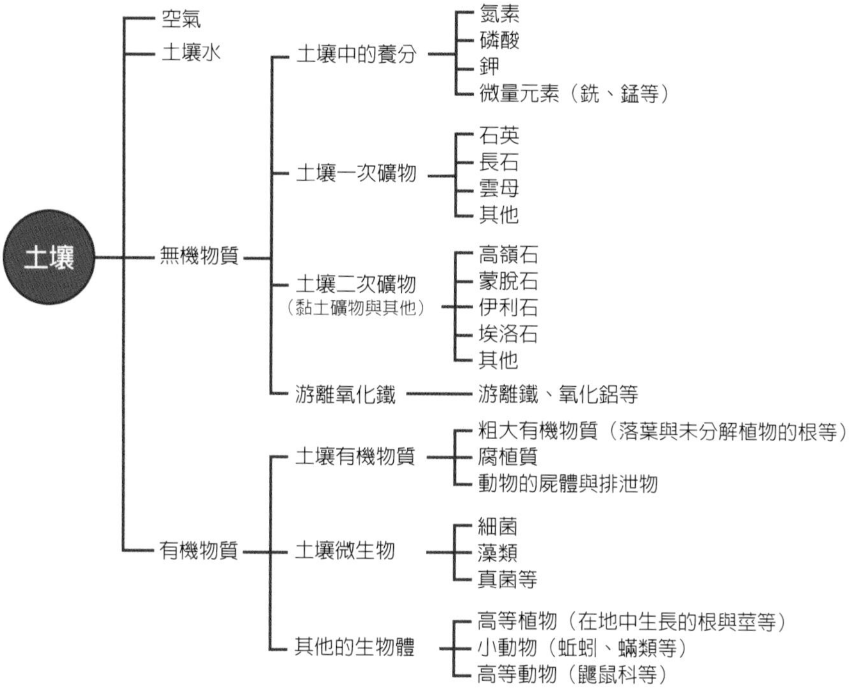

地力的構成要素

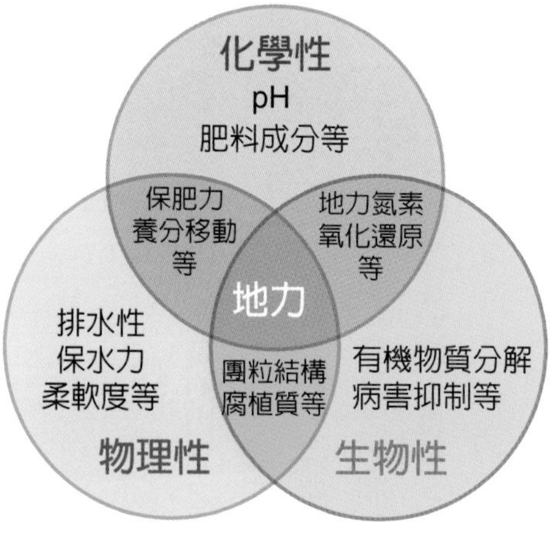

（資料：藤原俊六郎「新版 圖解 土壤的基礎知識」農文協）

環境對土壤微生物的生長

「溫度」的影響

雖然土壤溫度的變化比氣溫小，但土溫的變化對微生物活力的影響卻很大。

多數微生物的活力，在30～40℃之間最大。因此，大多數植物在20～30℃的環境下最適合生長。溫度的差異，會影響土壤有機物質的含量。

例如，在溫帶植物生產力大於土壤微生物活力的地區，因土壤中的腐植質增加使土壤變黑。另一方面，在熱帶土壤微生物活力大於植物生產力的地區，因腐植質不增加使土壤不會變黑。

「水分與空氣」的影響

對空氣（氧氣）來說，有需要氧氣的微生物與不需要氧氣的微生物，但水對於微生物來說是不可欠缺的。

下一頁的圖中可以看出，在土壤孔隙中完全沒有水分（全部充滿空氣）的狀態下，微生物的數量爲零（無法存活）。另一方面，在所有土壤孔隙都充滿了水（完全沒有空氣）的狀態下，不需要氧氣的厭氧菌就能存活下來（在厭氣性菌中，存在有即使在有氧時能活動的兼性（條件）厭氧性菌，與有氧狀態下不能活動的 對厭氧性菌）。

此外，當土壤孔隙充滿50～60％的含水時，對土壤代謝影響最大的好氧性來說是最具活力的環境條件。

其他影響的條件

pH爲影響土壤微生物生長的因素之一。多數的土壤微生物喜歡中性，但依微生物的種類不同，最適合的pH值多少會有差異。具體而言，細菌（Bacteria）與放線菌（具有細菌與絲狀眞菌之中間形態性質的微生物）喜好7～8的中性範圍，眞菌（絲狀眞菌菌、蕈類、酵母菌）喜好4～6左右的弱酸性範圍。然而，亦有像乳酸菌一樣，喜好強酸性的細菌。

此外，依據黏土礦物的種類，亦有對微生物生長適合或不適合的情形，因爲種類不同會影響離子的強度，如高嶺石等1：1的礦物（以1：1之鋁與矽酸構成的黏土）比蒙脫石等2：1型黏土（如三明治般以2份矽酸包覆鋁黏土）具有提高微生物活力的效果。

植物與土壤微生物的溫度特物性不同

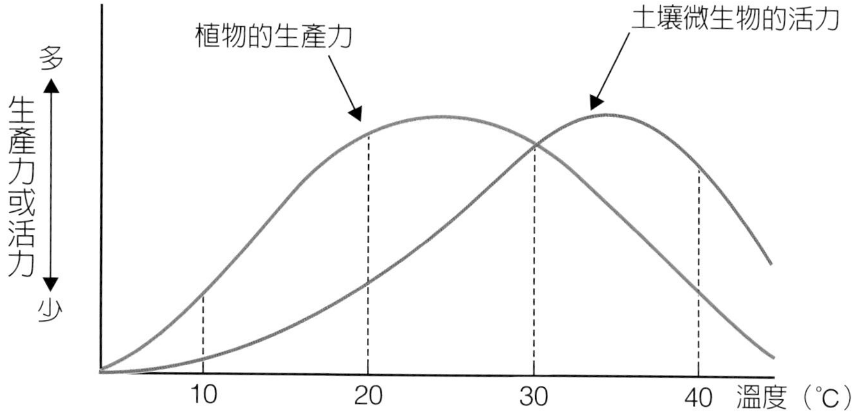

土壤水分與土壤微生物的棲息的關係

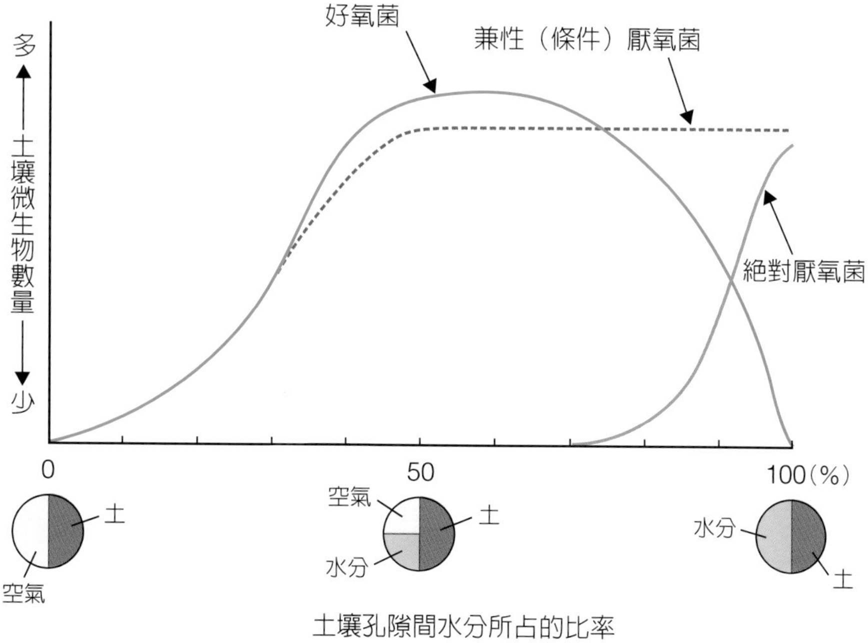

（資料：藤原俊六郎「新版 圖解 土壤的基礎知識」農文協）

納豆菌可以拯救地球嗎？

●對地球環境友善的材料「納豆樹脂」

說到「納豆」被認爲是對健康有益之食物的代表，而對黏稠狀的「絲」，還是個未知的密秘。

納豆的絲是一種叫做聚麩胺酸的高分子物質，由做爲化學調味料而被知的麩胺酸所結合而的。當納豆絲（聚麩胺酸）受到放射線（γ射線）照射後會變成凝膠狀，將它冷凍乾燥後會形成白色粉末狀樹脂。這種樹脂（被稱爲「納豆樹脂」）具有優異的「吸水性」、「可塑性」、「生物分解性」，有未知的各種可能性。

首先爲吸水性，1 公克的納豆樹脂可以儲存 3 公升以上的水。此外，擁有的可塑性（在有外力或加熱的狀況下會變形，即使土除外力後像塑膠一樣不會恢復原狀）與生物分解性（透過微生物的分解變成水與二氧化碳的特質）對地球環境是友善的，目前正逐步被開發成各種用途的產品。

●沙漠綠化不是夢想！？

納豆樹脂之具體開發實例包括，利用吸水性開發紙尿布與化妝品，作爲促進堆肥化用途等。此外，正逐步利用可塑性開發可取代塑膠類的容器，若能將其實用化，未來使用過之容器埋入土壤後就能破壞分解。

此外，將納豆樹脂與汙泥與植物種子一起埋入土壤中，還可以爲沙漠綠化做出很大解決方案。雖然要實現它仍需要很長的時間，但在溫帶乾燥區域所進行的想定實驗中已確定有80%以上的發芽率。再者，有多例子得知納豆菌本身可顯著增加土壤中微生物的多樣性，通常我們所認爲理所當然很熟悉的納豆拯救地球的日子也許可能很接近。

從納豆絲到納豆樹脂的製成

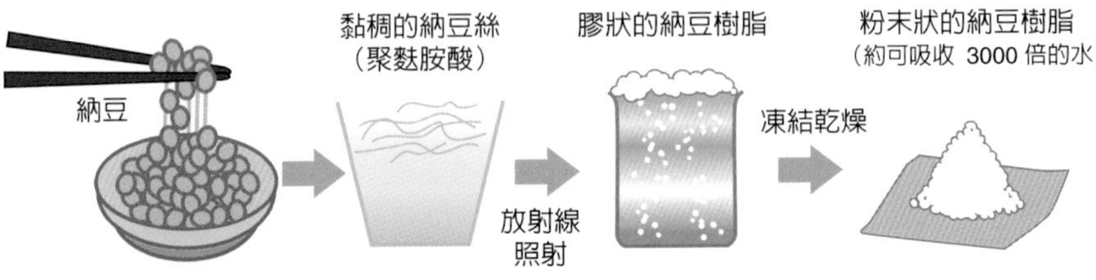

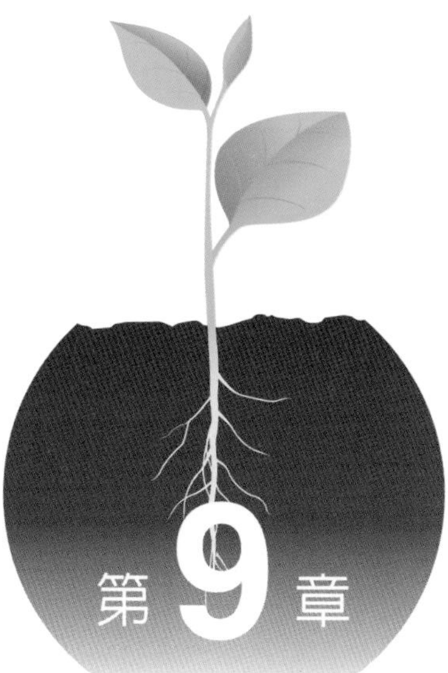

第9章

使土壤肥沃的土壤動物

土壤動物的分類與特徵

小型土壤動物

「土壤動物」以各種大小體形存在，依據體形的大小可分爲小型土壤動物、中型土壤動物、大型土壤動物及巨型土壤動物。

小型土壤動物爲體長小於0．2毫米，體寬小於0．1毫米之微小動物，如水熊蟲（緩步動物門）與線蟲等。在水分貧乏的土壤孔隙間數量很少，主要生活在土壤液相的部分，又因爲身體很小，所以浸泡在水膜中。大部分攝食溶在土壤中的有機物質，或細菌、黴菌及藻類。

中型土壤動物

體長介於0．2~2毫米，體寬小於2毫米，主要棲息在土壤孔隙的動物，被歸類爲中型土壤動物。因爲是在土壤的孔隙間移動，本身不太會挖掘土壤，因此常在狹小空間中的小顆粒土壤下層活動，故小型種類的數量多，以節肢動物中的彈尾蟲與甲蟎占多數。此外，還包括線蚓、鉅蚓或正蚓等被歸爲大型種的中型土壤動物。

彈尾蟲會取食周遭的有機物質，但對土壤表層存在的黴菌或藻類會選擇性的取食（部分種類具有捕食性）。甲蟎可以直接取食有機物質、被粉碎之有機物質或微生物質。雖然線蚓會取食腐植質，但對取食黴菌具有選擇性。

大型（巨型）土壤動物

體長超過2毫米的動物被歸類爲大型土壤動物，例如多足類、等腳類、昆蟲幼蟲、陸生性甲蟲、螞蟻、白蟻及蚯蚓等。在土壤中，這些大型動物，若不能在土壤挖洞將無法移動。

在多足類中的蜈蚣通常屬於捕食性，馬陸則取食落葉、腐植質及土壤。等腳類主要取食落葉但也吃腐植質。雙翅目的幼蟲主要以吃腐植質爲主（有些種類爲捕食性），昆蟲目的幼蟲可取食根、具腐食性、捕食性等；成蟲主要爲具捕食特性之群體，以地表爲中心生活。螞蟻廣泛分布在許多生態系統中，從取食種子與葉子到具備捕食性，具有多樣的食性。而蚯蚓則取食葉子、腐植質及土壤。

此外，取食蚯蚓等的重要捕食者爲鼴鼠與老鼠等脊椎動物，與目前所介紹之無脊椎動物相比，因體形很大，故有時又被稱爲巨型土壤動物。

依土壤動物的大小區分

小型土壤動物 （體長 0.2 毫米以下）	中型土壤動物 （體長 0.2～2 毫米）	大型土壤動物 （體長 2 毫米以上）
水熊蟲 渦蟲 線蟲 猛水蚤等	蟎 彈尾蟲 多足類 寡足綱 擬蠍目 甲蟎 線蚓等	鼴鼠、老鼠、山椒魚 } 巨型土壤動物 蚯蚓 蜘蛛 鼠婦 馬陸 蜈蚣 螞蟻等

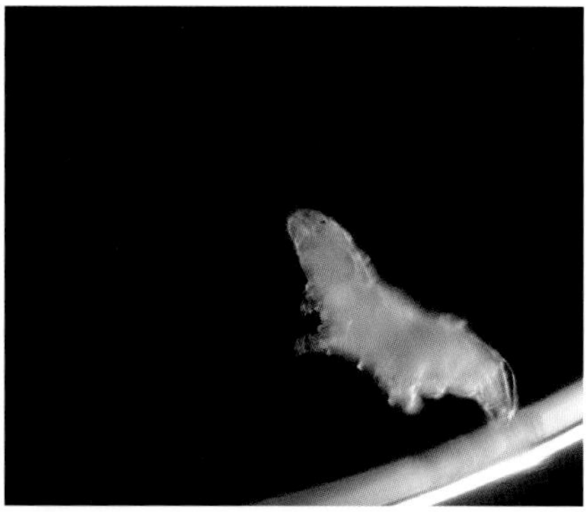

水熊蟲

猛水蚤

蜈蚣

鼴鼠

蚯蚓的種類與特徵

蚯蚓是地球上最有價值的動物

蚯蚓在土壤動物中具有最優異的功能，在古代被稱爲「自然之鋤」，近年來更被稱爲「生態系的技術員」與「土壤健康的氣壓表」。自然科學家查爾斯・達爾文，在他自己撰寫的《腐植土的產生與蚯蚓的作用》（*The Formation of Vegetable Mould Through the Action of Worms*，1881年）書中，將蚯蚓稱爲「地球上最有價值的動物」。

蚯蚓（貧毛綱）與作爲釣魚用餌的沙蠶（多毛綱）和可吸取人類與動物血液之水蛭（環帶綱）等，同屬於無脊椎動物中的環形動物門。

貧毛綱被區分成：【1群】脂蚯蚓科（Aeolosomatidae）；【2群】仙女蟲科（Naididae）、顫蚓科（Tubificidae）、線蚓科（Enchytraeidae）；【3群】帶絲蚓科（Lumbriculidae）；【4群】單向蚓科（Haplotaxidae）、正蚓科（Lumbricidae）、鉅蚓科（Megascolecidae），即一般所謂的蚯蚓可分成4群。

已知的貧毛綱有7000種

目前世界上已知的貧毛綱種類約有7000種，日本全國約有100種。但是，因爲還有很多無法區分的種類（如線蚓類等），所以實際的種類數目尚不清楚。

棲息的範圍涵蓋冰河、深沉的湖底、凍原帶的草原、熱帶雨林等多樣的環境，依據其棲息場所的特性，可分成生活在水田與河流的「水生類」（顫蚓類等），及生活在一般土壤與垃圾場的「陸生類」（正蚓類、鉅蚓類等）。而依身體的長度可分成「大型類」（正蚓類、鉅蚓類等）與「小型類」（線蚓類等），一般所謂的蚯蚓爲陸生類中的大型陸生類。

7公尺的巨大蚯蚓

大型陸生類，包含棘蚓科（具發光能力的螢蚯蚓等）、鏈胃蚓科（日本最長的八田蚯蚓等）、正蚓科（可將廚餘轉變爲堆肥的赤子愛勝蚯等）、鉅蚓科（可產生土的 *Pheretima higendorfi* 等）、八毛蚓科（大型的體寬爲1．5毫米，體形細長的 *Dichogaster bolaui* 等）等五個科。

雖都是大型類，但大小尺寸仍不同，有體長小於幾毫米的種類。而在南美與東南亞有體長超過2公尺的種類。此外，在南非曾記載體長7公尺、可橫跨道路兩端之巨形蚯蚓。

蚯蚓的分類體系

環形動物門（無脊椎動物）

- 原始環蟲類（海砂中）（囊鬚蟲）
- 多毛綱（大部分是海產）（赤蟲、沙蠶）
- 貧毛綱（蚯蚓）
  - 原始貧毛類區 — 脂蚯蚓科（1 群） — 脂蚯蚓科
  - 真貧毛類區
    - 近生殖門目（2 群）
      - 仙女蟲亞目（水生） — 仙女蟲科
      - 顫蚓亞目（水生） — 顫蚓科
      - 線蚓亞目（小型陸生、水生） — 線蚓科
    - 前生殖門目（3 群） — 帶絲蚓亞目（水生） — 帶絲蚓科
    - 後生殖門目（4 群）
      - 單向蚓亞目（水生） — 單向蚓科、棘蚓科
      - 正蚓亞目（大型陸生） — 正蚓科
      - 鉅蚓亞目（小型陸生） — 鉅蚓科、八毛蚓科
- 蛭綱
- 多毛綱（海底的淤泥中）

正顫蚓

西博爾德蚯蚓（鉅蚓科）

赤子愛勝蚓（正蚓科）

（資料：中村好男「蚯蚓與土壤與有機農業」創森社）

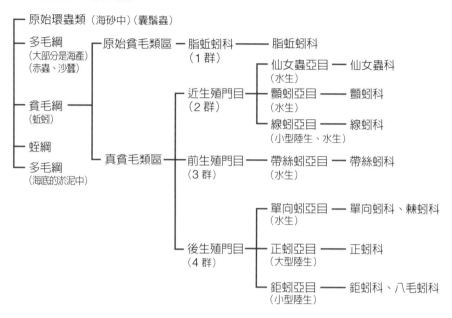

蚯蚓的形態與體內構造

蚯蚓的形態特徵

從蚯蚓的體形來看，其像一根細長的管子，實際上是由許多環節連接組合而成的。節與節之間的管狀稱爲「體節」，依據種類不同有超過150種的體節存在。

此外，有許多人對於蚯蚓有些疑問：「哪裡是頭部，哪裡是尾部？」哪裡是背部，哪裡是腹部？針對這些疑問，可透過身體寬度與顏色來區分。蚯蚓的頭部在細長的身體上顯得比較寬，前端爲口部，而在口部有上唇（口前葉）。另外，體色較濃處爲背側，在體節與體節連接部分（體節間溝）稍微凹陷，於背側中心處存在有稱爲背孔的小孔。

「成蟲」與「幼蟲」的區別

蚯蚓之成熟體（成蟲）與不成熟體（幼蟲）的身體特徵也不同。成熟的蚯蚓，在口部處存在有像一字巾（頭巾）一樣明顯的環帶（依種類不同，有環帶環繞身體一圈的種類，或只環繞半圈的種類）。此外，在成熟蚯蚓的腹側，有雄、雌性的生殖器與受精孔（受精囊孔），其中也具有乳頭與斑紋的種類。在不成熟的蚯蚓身上，則不存在上述特徵。

體內的構造與功能

將蚯蚓從頭部（口部）向尾部（肛門）橫向切開時，在環帶的前方有膨大構造（砂囊等），與各種形狀的袋狀附屬物（受精囊等），以左右對稱的方式存在。而在環帶後方則是腸道，有些種類在靠近環帶處還有小的附屬物（盲囊）。

此外，從背側向腹側縱切時，外側皮（硬的玻璃體外皮與表皮）覆蓋著由肌肉組成的體壁，且可看到剛毛貫穿肌肉。而往下（內側）存在的管狀物爲腸等消化器官，並有液體（體腔液）塡滿在消化器官與皮膚之間。

在體壁中，有環形組成的肌肉（環狀肌）與數個橫跨體節較長的肌肉（縱向肌）。當環狀肌收縮時身體會變細長，而縱向肌收縮時身體會變短。移動時，環狀肌與縱向肌會交替放鬆與收縮。

取食後通過腸道的物質，可透過肌肉的作用將它粉碎變細，並與腸道所分泌的氧氣等混合。這些肌肉在土壤狹窄的間隙中延伸，像螺絲釘一樣在土壤中活動。

蚯蚓的內部形態

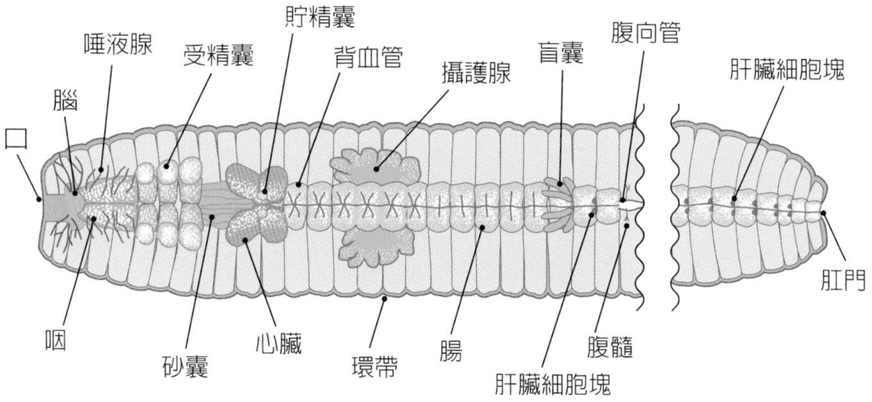

（資料：小川文代「蚯蚓的觀察」創元社）

蚯蚓的斷面圖

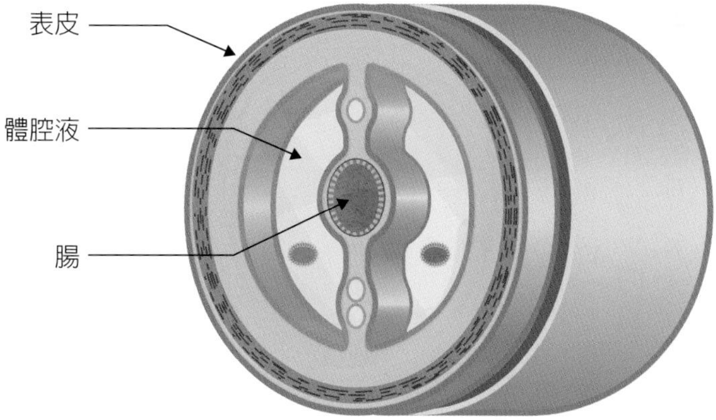

蚯蚓的食性與繁殖方法

蚯蚓的生態型與食性

陸生蚯蚓依據其生長場所的特性，可分成四種生態型：「堆肥棲息型」、「枯葉棲息型」、「表層土棲息型」及「下層土棲息型」。這些生態型主要與食性有關，堆肥棲息類型以堆肥爲食，枯葉棲息型以枯葉爲食等。另在表層土棲息型或下層土棲息型蚯蚓的腸道內，可同時發現土（礦物）和枯葉與腐爛葉等植物殘體、眞菌與細菌等微生物、彈尾目等小動物與其糞便。

依身體長度來看食性的特徵，陸生大型蚯蚓會吞食土壤，將土中的有機物質當作營養，亦會取食地上的枯葉等有機物質（同時將附著在葉片上之黴菌等微生物一起取食）。另一方面，陸生小型蚯蚓會吞食細小的有機物質與菌絲。該類蚯蚓會侵入包括葉綠體等落葉內部組織，並將其運送到葉表後吞食。

至於小動物屍體與較硬的物質，會先以自己的唾液（分泌物）將食物軟化後吞食（吞食前消化），或著會取食由腐生性細菌作用後變軟的物質。

蚯蚓繁殖的機制

蚯蚓爲單一個體，同時具有雄性與雌性器官（雌雄同體），一般是透過與其他個體交配來進行繁殖。

交配時，兩個個體會相互以前體部之腹側緊密交互在一起，並將彼此雄性孔排出的精子經過受精囊孔貯存，在受精囊中進行交換。此時，卵子還沒有受精，受精時，會使用保存在受精囊中其他蚯蚓的精子。貯存在受精囊中的精子，在沒有冷藏的條件下其活力可保存半年。

卵的形狀從球形到枕形等有各種形狀，大型類的大小爲3～8毫米，小型類（線蚓類）大小約1毫米。在顏色方面，大型類的顏色爲淺綠色至棕色，線蚓類的顏色爲乳白色。此外，從一個卵孵化出來的幼齡蚯蚓數目，在大型類的正蚓科與小型類的線蚓科大多數都爲一隻（偶爾也會有兩隻以上），只有赤子愛勝蚯（正蚓科）的數量在2～6隻之間。偶爾會有20隻的例子。

切斷身體會增加的「分身術」

在蚯蚓中，也有可將其身體切斷後會以無性的方式增殖（斷片生殖）的種類。把大型類的蚯蚓切成兩段後無法兩段都生長，經過一段時間後半段會死亡（在赤子愛勝蚯無論切割位置在哪裡都會死亡）。另一方面，在小型類的線蚓類中，即使將其身體切多個片段，每個片段都會再生，在日本亦有採集到會以這種增殖方式增生的種類。

日本陸生蚯蚓的生態型

堆肥棲息型	枯葉棲息型	表層土棲息型	下層土棲息型
大型　赤子愛勝蚯（ツ）	*Bimastus tenuis*（ツ） *Dendrobaena octaedra*（ツ）	*Allolobophora japonica*（ツ） *Aporrectodea calignosa*（ツ）	*Aporrectodea rosea*（フ） *Pheretima hilgndorfi*（フ） *Pheretima agrestis*（フ）
小型　線蚓屬	絲線蚓屬	Henlea 屬	白線蚓屬

（ツ）正蚓科　（フ）鉅蚓科

（資料：中村好男「蚯蚓的功能」創森社）

蚯蚓的腹側各部位名稱與交配

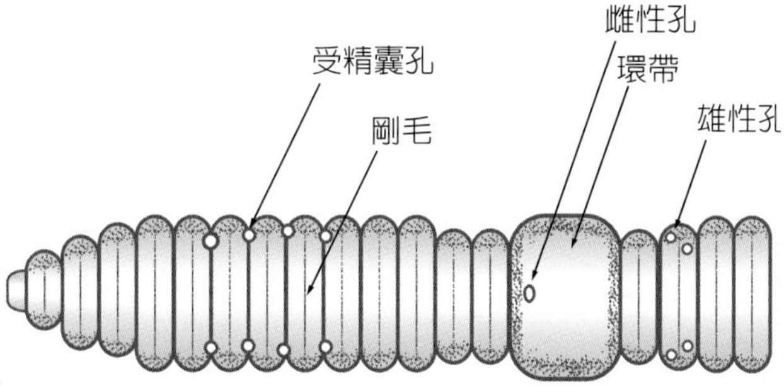

蚯蚓的交配

蚯蚓在土壤中的作用

蚯蚓體內是一座優異的工廠

蚯蚓的生活是「取食」、「四處活動」、「排出糞便與尿液」，這對土壤有很大的影響。

蚯蚓會吞食枯葉與枯死的根、土壤、報紙、廚餘等各種物質（有機物質），同時也包含附著在有機物質而繁殖的黴菌等微生物，及土壤中的微生物。被吞食之物質在咽部與腸道中移動時，會受到蚯蚓所分泌之尿素、鹽類、酵素等的影響，進一步透過腸道的激烈蠕動與被吞入之土壤顆粒攪拌而變得更細小。

蚯蚓每天的取食量與體重相同或是體重的1．5倍，而吞下後的食物從口到肛門需要3．5小時。值得注目的是，蚯蚓在消化過程中，可將植物根部難以吸收的固定型磷酸與鉀轉化為容易吸收的形式，鈣會再次結晶，進而合成維生素類物質。因此在蚯蚓體內，可透過物理與生物化學將有機物質與無機物質轉變，可以說是一座優異的工廠。

支撐生態系的蚯蚓孔

蚯蚓為了取食，會在土表與土中不停的來回移動，將枯草與堆肥等有機物質和土壤深處的土進行攪拌與混合，而在土壤中形成孔道。孔的數量有時可達到每平方公尺有800個，長度可達180公尺。若將土壤撥開，可看到自土壤中縱橫交錯的孔洞中會有水分與空氣，有時會減少在地面上流動的水（減少土壤侵蝕）。

此外，由於蚯蚓孔壁上常有自蚯蚓體表分泌的黏液，導致水分、碳素、氮素、磷酸等的量會較高，成為土壤微生物適宜繁殖的場所。為了吃這些微生物，會進入像彈尾類等小型土壤動物，進一步使植物為了尋找營養而將其根部伸長，因此蚯蚓孔支撐了各種生物的世界。

蚯蚓的糞便是黃金土壤

蚯蚓在來回移動的孔洞中或地表會產生糞便，這些糞便包含了作物生長所必須的很多營養素，且是根部容易吸收之形態。以 *Pheretima hilgndorfi* 的糞便為例，與周遭的土壤來比較，總氮素是3倍，磷酸高2．5倍，置換性鹽基類的鈣、鉀、鎂高1～2倍，特別是腐植酸的量（腐植物質的集合體）高14倍。此外，蚯蚓糞便中含有多種胺基酸、酵素及植物生長促進物質，亦富含土壤微生物，確實是黃金土壤。

蚯蚓對土壤的反轉作用

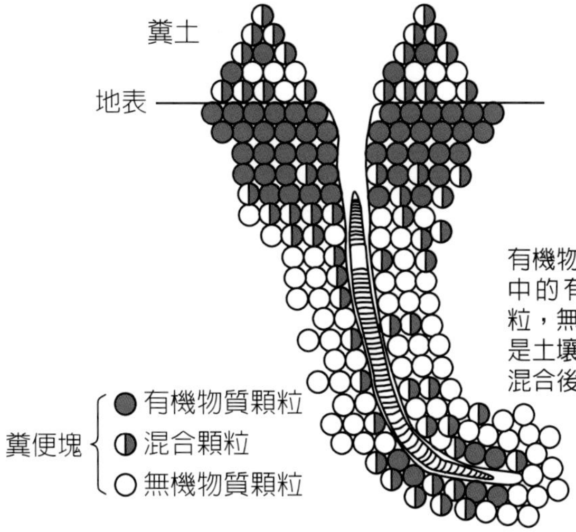
有機物質顆粒是土壤中的有機物質的顆粒，無機物質顆粒則是土壤顆粒，將兩者混合後成為混合顆粒

（資料：青木淳一「土壤動物學」北隆館）

蚯蚓糞便與土壤的化學性質

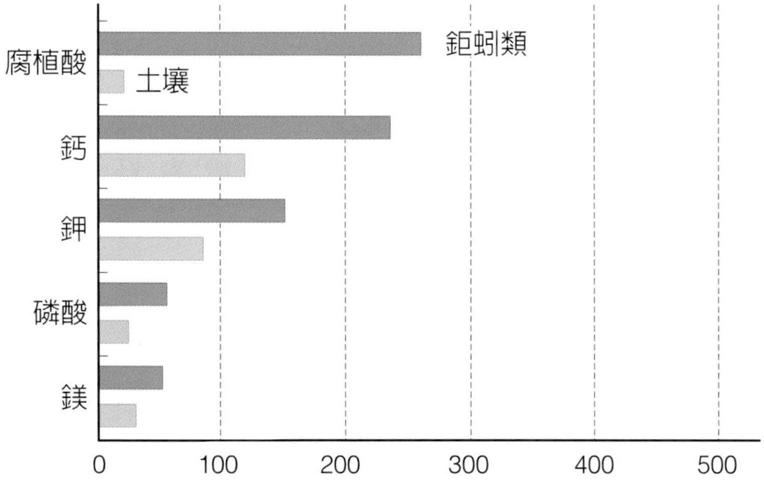

注：單位是腐殖酸公克 / 100 公克乾重的 100 倍，其餘的 4 種成分為毫克 / 1 公克乾重的 100 倍（鉅蚓類的 *Pheretima hilgndorfi*）

（資料：中村好男「蚯蚓與土壤與有機農業」創森社）

維持生態系的土壤動物（小型～中型）

地球上的小巨人「線蟲」

線蟲的體長小至0．5～2毫米，大多數種類無法用肉眼確認。線蟲被認爲占了地球生物量的15％（生物的重量），當一個人抓一把森林的土壤中，就有數萬隻的線蟲。

不只在土壤中，亦有棲息在水中與動物體內的種類，在人體內棲息之蟯蟲等寄生蟲是線蟲的同類。由於也有寄生在植物根部的線蟲，因此從林業與農業的角度來看，被認爲是引起植物病害的一種害蟲，目前只能掌握像前述種類之線蟲有數萬種。線蟲可作爲捕食者與分解者，也可作爲各種生物的食物，在生態系中成爲不可或缺的一部分。

陸生浮游生物「彈尾蟲」

彈尾蟲可適應各式各樣的土壤類型，在以人類手握一把的土壤中（約10平方公分）就有數百隻棲息，因爲彈尾蟲是各種動物的食物，也被說成是「陸地浮游生物」。之所以被稱爲彈尾蟲，主要是生長在腹部的腳具有像彈簧一樣跳躍的能力。牠被認爲是一種原始無翅昆蟲，但亦有其他見解認爲與昆蟲的系統不同。彈尾蟲與甲蟎類爲在土壤中最常見的節肢動物，主要取食腐植質、細菌、黴菌及藻類（亦有已知的捕食性種類）。

生活類型主要分爲表層屬性與土壤屬性。表層屬性類爲大型且代謝旺盛者，可蒐集分散的食物，具有很強的活動性，並產生很多小卵進行有性繁殖。另一方面，土壤屬性種棲息在土壤孔隙間，取食周圍的食物，並產生少量的大型卵，被歸類爲孤雌生殖群。

土壤中的安靜清潔者「甲蟎」

因爲有些種類的蟎會吸人類的血與引起過敏而不被喜歡。然而，這只是超過2萬種蟎類中的一小部分，土壤中大多數蟎類具有以線蟲作爲食餌的捕食性，及取食落葉或眞菌的腐蝕性，是土壤生態系中不可或缺的生物。

在土壤蟎類中，甲蟎亞目的蟎類在10平方公分的土壤中棲息著數百～數千隻，與彈尾蟲類並稱是「陸生浮游生物」。僅日本就存在有800種以上，與彈尾蟲類一起占了中型土壤動物中節肢動物的半數以上。

小型～中型的土壤動物

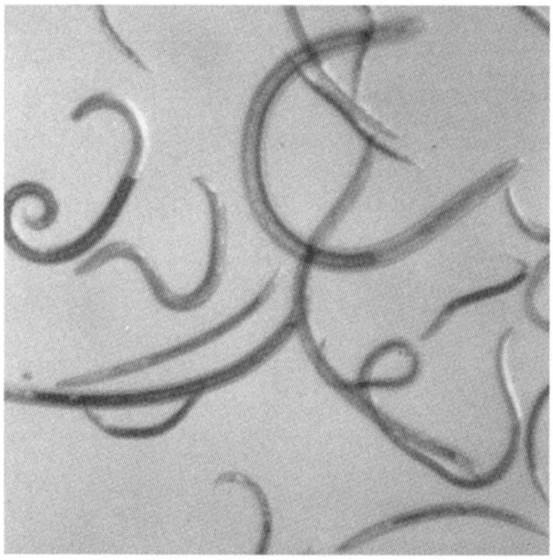

線蟲

不僅在土壤，亦可棲息在水中與動物體內。被認為占了地球生物量的 15%

彈尾蟲類

（照片是圓跳蟲）

出現在各種土壤類型中的「陸生浮游生物」。在日本約有 360 種，全世界約有 3,000 種被發現

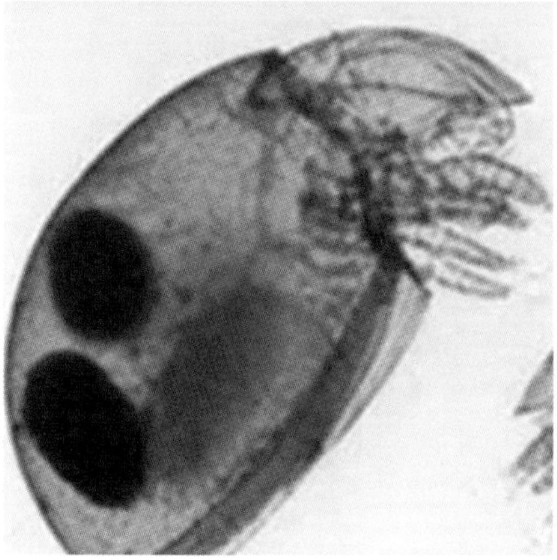

甲蟎類

〔照片是甲蟎類的一種姬三皺甲（*Rhysotritia ardua*）〕

取食落葉與真菌並安靜地生活。僅日本就存在有 800 種以上，外觀看起來有各種形態

（照片：國立研究開發法人 森林總合研究所）

維持生態系的土壤動物（大型）

土壤中的霸者「螞蟻」

螞蟻從熱帶到寒帶分布廣泛，在許多生態系中是重要土壤動物。目前，估計地球上約有1京隻，數目比人類數量還要多，雖然體重只有人類1千萬分之一，但生物量（總重量）被認爲與人類相當。此外，螞蟻的食性相當多樣豐富，有取食植物種子與葉片的種類、取食蚜蟲（牧蟻）分泌物與花蜜的種類、捕食性的種類。一般來說，在土壤動物調查中往往省略了對個體數的估計，但爲了了解其他土壤動物的群落結構與個體密度，對螞蟻評估是不可欠缺的。

此外，白蟻在日本因爲是房屋的害蟲而不被喜歡，但在土壤中亦扮演著重要角色。基本上白蟻會利用已枯死的有機物質與土壤腐植質，此特徵是充分利用與白蟻共生的微生物所分泌之分解酵素來分解地面上大量纖維素的方法（許多大型土壤動物本身不會分泌分解纖維素等消化酵素）。另還有一些直接取食土壤的種類，會因其活動而改變土壤結構，透過使土壤物理性質與物質循環速度發生改變，對植物與其他動物會產生很大影響。

擁有世界最多腳的「馬陸」

馬陸與蜈蚣在形態上很類似，與蜈蚣的捕食性不同，馬陸以落葉和腐植質爲食。因爲不具有與前述像白蟻分解有機物質的方式，爲了確保其必須營養來源，所以必須取食大量消化率差的落葉，當這些落葉被作爲糞便排出後會再取食這些糞便（糞食）。所謂糞食是：微生物在糞便中增加並分解，透過利用微生物酵素，再使用難以利用的資源。

雖然蜈蚣（百足）被認爲有更多的腳，事實上馬陸的腳是蜈蚣的倍數以上。其中有些種類具有750隻腳，是生物中最多的。

蝦與蟹的親戚「球木蝨」

球木蝨類從海岸到森林分布廣泛（特別是在石灰岩地區很多），與馬陸一樣取食落葉等枯死的有機物質，擔任改變土壤的角色。

雖然被叫作「Mushi」（昆蟲），但與蝦和蟹同屬甲殼類動物，以鰓進行呼吸作用。全世界有1萬5千種以上，在日本已發現超過140種。

大型的土壤動物

白蟻

在日本因為是房屋的害蟲而不被喜歡的白蟻，於森林發揮了分解木頭的能力

馬陸

〔照片為山蛩（*Parafontaria laminata*）〕

馬陸有很多種類是多腳的，目前有命名的種類全世界有 1 萬種以上。若持續研究的話可能會超過 8 萬種

球木蝨

〔照片為鼠婦（*Armadillidium vulgare*）〕

球木蝨跟我們的生活很密切。經常在家庭與田野周圍看到的鼠婦是原產自歐洲的歸化種動物

看看土壤的內部！

●容易製造的「分離漏斗設備」

蚯蚓和球木蝨等大型土壤動物可以用手捕獲，但蟎類與彈尾蟲類等小型土壤動物很難用手去抓。而爲了採集無法用肉眼確認的中型土壤動物時，可用「分離漏斗法」。

雖然有市售的分離漏斗裝置（約 2～3 萬日元，簡易版約 8,000 日元），但可輕鬆利用周遭的材料來自己製作。

需準備的材料：①採土管（可以用咖啡罐將上面部分取下或使用 500 毫升以下的容器代替）、②木槌、③挖根（也可用鏟子）、④紙封袋（可放入採土管所採的土的尺寸）、⑤篩（濾茶網篩或金屬網篩）、⑥蠟（可用光面紙製成的月曆等製作）、⑦檯子（以紙箱等製作）⑧瓶子（約 20 毫升的瓶子易於使用，條件是口徑要大於漏斗的尖端）、⑨酒精（濃度約 80%）、⑩照明器具（白色燈泡，不可使用螢光燈）等 10 種。有關設備組裝的方法，請參閱下圖。

●實際試著採集土壤動物

漏斗分離設備完成後，立即採集野外的土壤，並將其放置在漏斗分離設備中（如果是使用採土管，則將採土管上端放置與地面平行，再使用木槌將採土管槌入土壤中。若沒有採土管，則使用定量容器採集固定量）。

靜置 24 小時，24 小時後點亮燈泡（每天檢查一次瓶中的酒精量，如果減少則隨時添加）。經過 36 小時以上的時間後，將瓶子以瓶蓋蓋好（在 36～168 小時範圍內自由設定是沒問題的，但是在比較多個樣品時，盡量要固定時間）。

利用顯微鏡觀察形態與查閱名字時，必要時可以製作供對照的標本，這樣你就可以更密切地感受到豐富的土壤世界。

簡易漏斗分離設備的製作範例

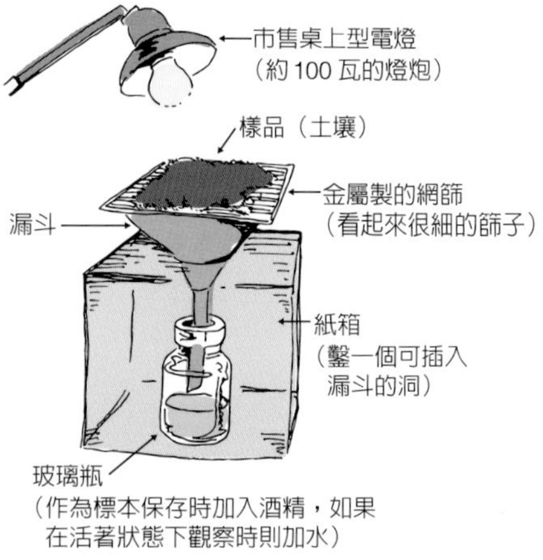

農耕地的食物鏈與物質循環

農耕地的食物鏈與物質循環

農業生態系與微生物

狹義上的農業，是指在水田或旱田栽培作物的種植業，因此若只是盲目追求生產力，這種努力不僅僅是浪費，相反的，可能還會以生產力降低的形式予以回報。

總而言之，所謂的「農地」，是在裡面包含著作物與家畜在內的各種各樣的生物且是相互有關聯，並保持平衡的。然後，這些生物群體從周圍環境中獲得營養物，排出不要的代謝產物，而代謝產物與較弱的生物會被其他生物吃掉，進而建立了營養元素的物質循環。此外，這些生物群體平衡與物質循環，會依自外部加入的自然與人力轉變為新的穩定狀態。

在下一頁所顯示的是，在農業生態系統中的物質循環，在圖中仍然無法完全描述出實際農業生態系統中的狀況，不要忘記仍然有很多人類知識無法掌握的多樣生物或非生物。當一方在成長時，另一方也會跟著成長，如果一方發生問題時，必然另一方也會出現問題。

在農業生態系統中，常常因為人類力量的介入而變差。

土壤中的食物鏈

植物產生的有機物質在土壤中會被還原，而細菌與黴菌會增殖。這些物質會成為體型大的微生物的食物，進一步彈尾蟲與線蟲等土壤動物會取食有機物質的碎片與微生物。而這些彈尾蟲與線蟲等會被蜥蜴或鼴鼠吃掉。

依上述模式，從植物開始的連鎖關係稱為食物鏈。由於這種關係，不會只有某些特定生物群體增加而是會保持一定的平衡。反之，在食物鏈中添加殺蟲劑與除草劑等化學物質的狀況下，其影響不會只限於驅除某些害蟲與雜草而已。

什麼是土壤的「物質循環」？

生物，尤其是微生物，具有產生各種代謝產物的能力。被分泌在體外的代謝物質，或者是生物體與遺體可被其他微生物或動物吃掉，進而釋放出被無機化後的氮素與磷酸等元素，這些元素可被植物再吸收並生長。雖食物鏈是「只看到活體生物的關係」，但不僅只針對活體生物而以，在這以外所構成的元素循環稱為「物質循環」。

農業方面的物質循環

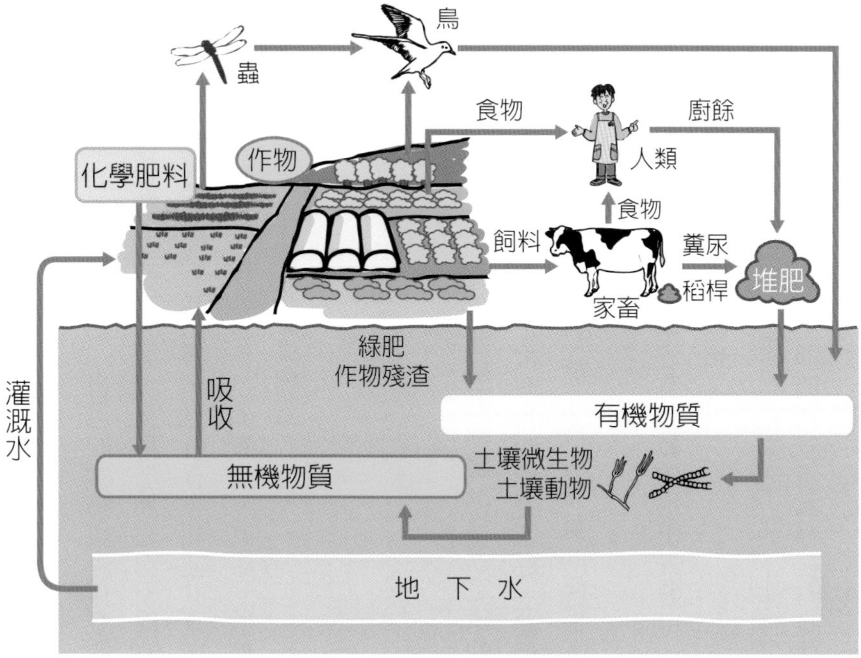

土壤中的食物鏈

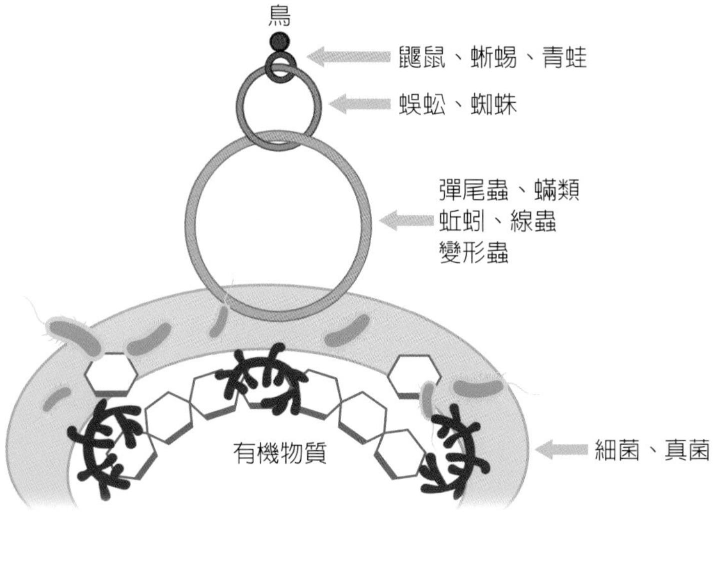

（資料：西尾道德「土壤微生物的基礎知識」農文協）

土壤微生物間的食物鏈

土壤微生物間的戰鬥與合作

如同人類世界所存在的糧食問題與領土問題，自然界中的微生物也爲了自己的食物與生存空間而激烈的競爭著。另一方面，在自然界完全不同特性的微生物彼此間相互影響，且有存在利益共享與構築互相合作的關係（合作）的實例。其中一個例子是光合細菌（紅色非硫磺細菌）。

為了「共存」而合作

光合細菌（紅色非硫磺細菌）是固定氮的細菌，顧名思義是不能在沒有光的地方生存。此外，它也是一種厭氧菌，只能在沒有氧氣的條件下生長。

然而，在不是完全沒有氧氣的水田表層中，卻可看到相當多的光合細菌。

爲何會有這種情形，這是因爲光合細菌透過與某些好氧菌的合作，即使在有氧氣存在的條件下也能生長。好氧菌可吸收、利用氧氣，當氧氣吸收量大於氧氣供應量時，可能會產生局部性缺氧。換句話說，當好氧菌生長旺盛時周邊的氧氣量容易減少，並成爲局部性厭氧條件。在這種情況下，當存在某些種類的微生物時，環境會隨著改變，而成爲其他微生物可能容易生存的場所，這種例子經常在自然界中被發現。

為了「共生」而合作

此外，把光合細菌與好氧菌一起培養時，即使在有氧氣的條件下也能生長，而且與單獨純培養時相比，固氮能力可增加數倍至數十倍。

與光合細菌相同之固氮菌中的 *Azotobacter*，可從下一頁的表中看出，兩種菌除固氮能力外，其他性質完全相反。儘管如此，把兩種菌一起培養在有光線與葡萄糖時，兩種細菌的生長變得非常好（各自的固氮能力提高）。爲什麼呢？首先，固氮菌（*Azotobacter*）取食葡萄糖後會以脂肪酸的形式排出體外。光合細菌會將這種脂肪酸與光作用後合成身體的有機物質，此時會排出已形成糖類的副產物。接著，這些糖類會成爲固氮菌（*Azotobacter*）的食物。

透過這種方式交換食物，光合細菌與固氮菌（*Azotobacter*）保持著巧妙的互惠關係。在許多微生物中，常會以不可見的現象相互連結在一起。

光合細菌與固氮菌（*Azotobacter*）的共生例子

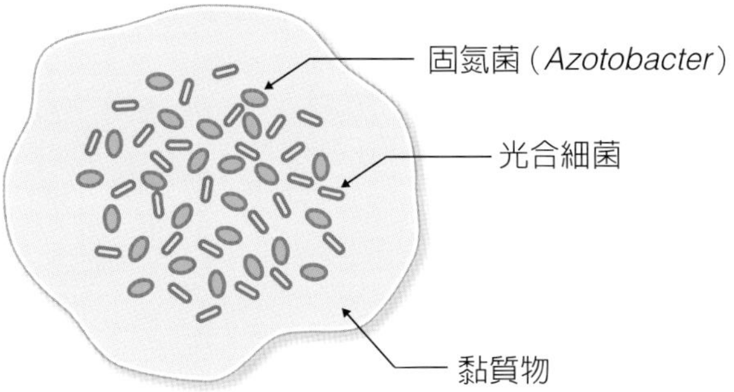

相互關係

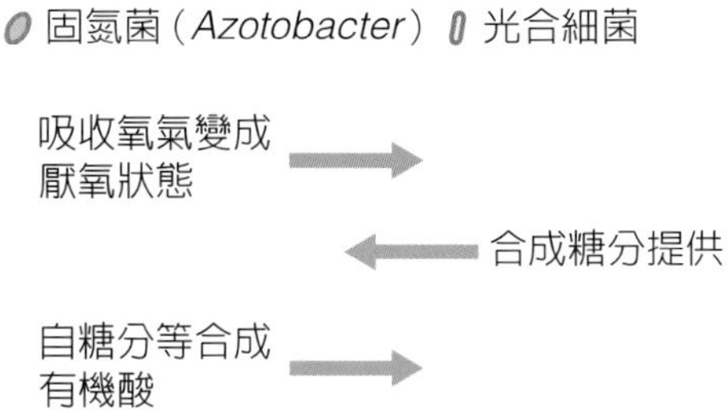

光合細菌與固氮菌（*Azotobacter*）的生長條件不同

	光合細菌	固氮菌（*Azotobacter*）
氧氣	少（厭氧性）	多（好氧性）
光	必要	不需要
營養	自營性（非絕對）	異營性

（資料：渡邊嚴「農地的微生物們」農文協）

水田土壤微生物的作用

水田的「氧化層」與「還原層」

在被淹過的水田土壤表面數毫米處會充入氧氣，而土壤會因鐵的氧化而成爲紅褐色，對必須要有氧氣的微生物也會在此活動。這數毫米紅褐色的土壤被稱爲「氧化層」。

另一方面，在比氧化層還要下層的土壤中不存在氧（已被微生物消耗）。因此，厭氧性微生物很活躍，鐵會變成藍色，而土壤變成灰色至藍灰色。在氧化層下面的土壤稱爲「還原層」。由於有機物質不充分分解，水田土壤中容易累積有機物質，特別是在潮溼的田土中。

不發生連作障礙

在混合氧化層與還原層的水田土壤中，元素也會受到影響。土壤中的鐵與磷酸結合後會變成不溶性的形態，經淹水後會溶出，變成容易被水稻吸收的形態。而鉀與其他必須微量元素，在水田中會大量累積，亦可由灌溉水供給。

灌溉水在攜帶養分的同時，水中生長的藍綠藻與土壤中的厭氧菌，對固定大氣中的氮素會很旺盛，進而將水田的肥沃度維持在高水平。透過施用稻草等有機物質，可顯著促進藍綠藻在固定大氣中的氮素。

依這種方式，養分可供應給水田，因此在作物不給予大量肥料的情況下亦可生長。

此外，夏季因淹水而變成還原狀態，冬季排水後變成氧化狀態，在這種重複氧化與還原的情形下，對土壤微生物相會產生很大影響，並增加其多樣性。氧化狀態下的好氧菌，還原狀態下的厭氧菌，由於這些主要作用的微生物不停交替，使病原菌無法累積。此外，會分解對根有害的物質，並將過剩的養分流掉，因此水田不會發生連作障礙。

談談水田土壤肥力的資料

由於水田可自水獲得所供應的養分，因此不太可能發生營養缺乏。在下一頁所表示的肥料三要素試驗（由全國公共農業研究機構進行）結果，可以看出水田肥沃的程度。於水稻中，即使在無肥料區塊，針對三要素區有65％的回收量，而在旱田栽培的陸稻則約爲40％。這種現象即使在無氮素區與無磷酸區，也會觀察到相同的趨勢。

換句話說在水田中，於任何條件下，都可以獲得相對穩定的產量。

水田土壤的特徵

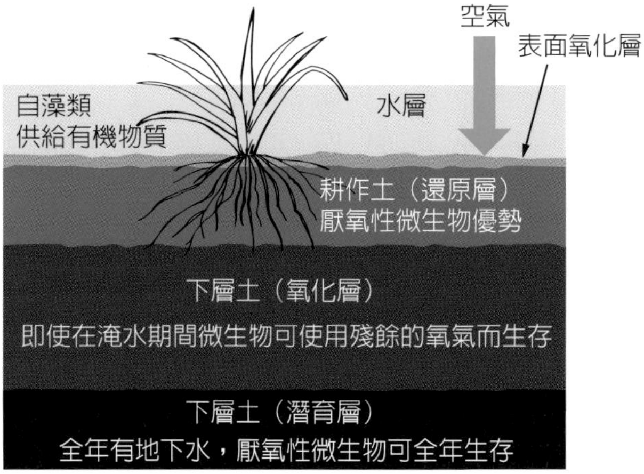

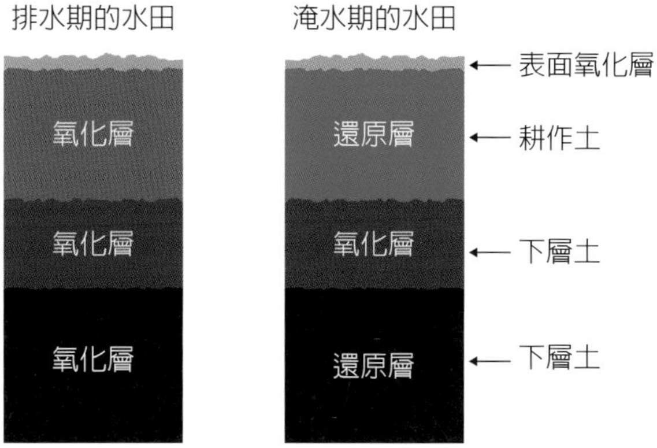

談談肥料三要素試驗在水田土壤的肥力

全國肥料三要素試驗的回收量 〔公斤／10 公畝，（　）內為三要素區回收百分比〕

作物	無肥料區	三要素區	無氮素區	無磷酸區	無鉀區
水稻	257（65）	393（100）	285（73）	380（97）	387（99）
陸稻	90（39）	233（100）	107（46）	155（66）	210（90）

水田土壤微生物的問題

水田產生甲烷機制

水田土壤微生物的特徵與其作用所造成的影響（優點）如第122頁所述，但另一方面，有些問題亦會由水田土壤中微生物作用而造成影響，像是促進地球暖化而受到注目之「甲烷氣體」的發生。

由於水田被水覆蓋，使土壤處於厭氧環境中，導致甲烷八疊球菌屬（*Methanosarcina*）等甲烷生成菌（絕對厭氧菌）的生長，進而透過這些菌的作用產生甲烷。

尤其是爲了讓土壤中的甲烷形成，土壤旺盛的還原特性（氧化還原電位（Eh）約爲150毫伏特）是必要條件。也就是說，甲烷氣體的產生已證實到達最佳還原條件，但若以種植水稻之水田條件作爲考量時，並非是最佳的選擇。

土壤中產生的甲烷主要是透過水稻的通氣組織來釋放，通常是以氣泡或在水田表面以擴散的方式釋放到大氣中。

在土壤還原部分產生的甲烷，於通過表面氧化層時可被甲烷氧化菌氧化成二氧化碳，因此甲烷的產生量會減少。

對全球暖化的影響是23倍！

根據IPCC（政府間氣候變化專門委員會，Intergovernmental Panel on Climate Change）指南（IPCC 2006），每年世界各地水田所產生的甲烷量超過2000萬噸以上。

據估計自日本水田所產生的量約爲30萬噸，雖然數值與世界水平來比較是相當低的，但不管如何，甲烷氣約爲二氧化碳的23倍是全球暖化效應的一種物質。

目前全世界被要求要抑制甲烷氣體的產生，在日本也要需要繼續努力來抑制這種情況。

如何抑制甲烷氣體的產生？

水分管理對減少水田甲烷氣體的排放非常重要。當水田之中間乾燥時間較長時，水田土壤會發生氧化作用，進而抑制甲烷生成菌的活動，可減少甲烷氣體的產生。

此外，不要將稻草直接混合到土壤中，透過將其堆肥化後再施用，亦可大幅減少甲烷氣體的產生。

含鐵材料（轉爐渣等）也有效果，並且有報導指出不翻耕栽培可減少甲烷氣體的產生。

水稻田中甲烷形成、氧化、發生的機制與途徑

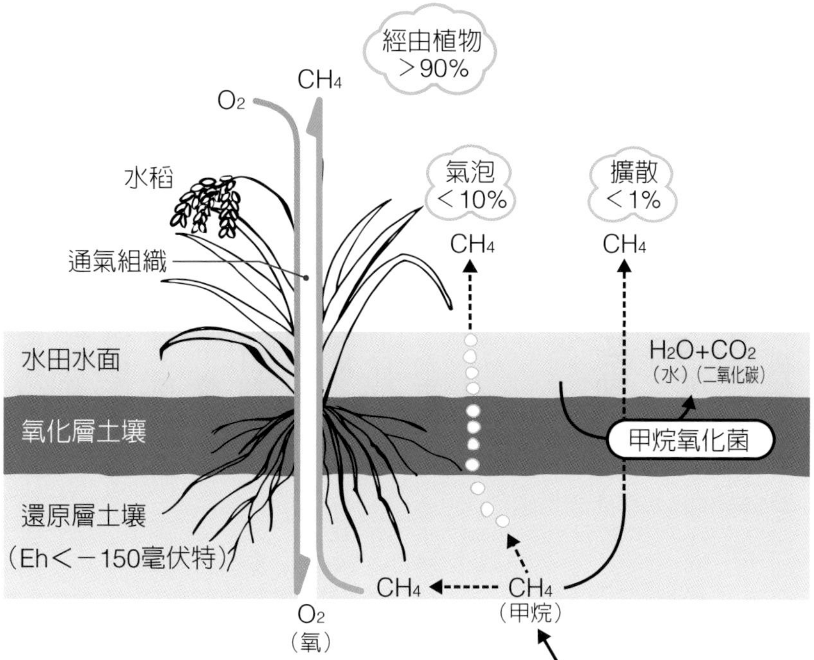

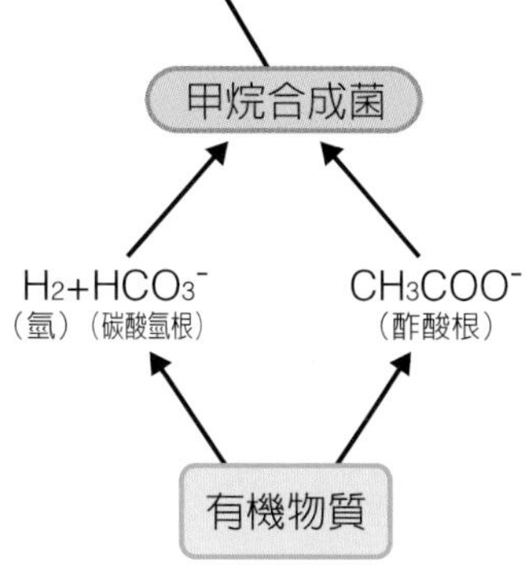

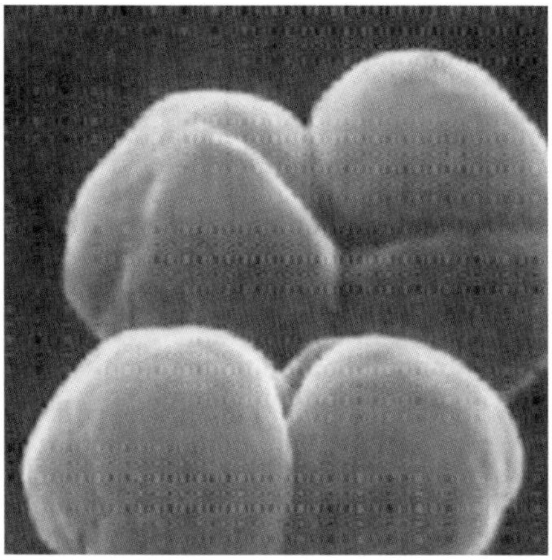

甲烷合成菌（*Methanosarcina*）

（資料：木村真人・波多野隆介「土壤圈與地球暖化」名古屋大學出版會）

旱田土壤微生物的作用

隨翻耕改變土壤微生物的分布

在旱田內，耕作前會透過翻耕作業將土壤做一定深度的翻耕使它均勻。過程中會將作物殘體、殘根、施用資材（肥料與有機物質等）混合在土壤中，可促進微生物的活動。即耕作深度越深，促進土壤微生物旺盛的要素就越深，使土壤微生物的高旺盛與密度能在作土層的範圍中廣泛分布。

下一頁圖中顯示了，將旱田翻耕30～35公分與翻耕15～20公分的深度，每個土層中土壤微生物數量的分布。在表土層中一定是最多的，自翻耕20公分的區域往下的土壤層中，不管是那種微生物，數量都會急劇減少。換句話說，土壤微生物會隨著翻耕到多深就能到達多深的地方，這是耕地一般的特徵。

不翻耕栽培內微生物的活動

土壤微生物的分布模式，還有另一個不翻耕栽培的明顯例子。在不翻耕栽培中，植物根部其生長主要的部分與氧氣的流通限制在表層，在這裡根的量比翻耕後的量還多。當然，若以一棵植株全部的根量來看，深耕內的根量比較多，但以限於表層來看，不翻耕的根量比較多。甚至，由於不翻耕的地表，常有前期作物的殘體散落，因此地表面與最上層的微生物數量比深耕的微生物數量多。然而，與前述微生物數量的分布一樣，該數量會隨深度急劇下降。

旱田的基本原則是「耕作」

從節省翻耕時所用耕耘機的汽油成本，與保護土壤表面而散布之作物等的殘體（保護土壤免受雨水和風蝕）的角度來看，不翻耕栽培有必要再次檢視已成為事實，即與深耕來比較，不翻耕是否有比較好？

實際上，膨軟的輕質火山性黑土原本就具有良好的物理性質，即使不翻耕土壤也不太會變硬。此外，在容易發生乾燥的區域，不翻耕的土壤也不容易乾裂，在某些場合下比翻耕更好。

然而，翻耕作業不僅使土壤膨軟，還兼具防除雜草與將植物殘體埋到土壤的作用。即使在不翻耕栽培中，也可以用除草劑防治雜草，但殘體會就地散布。因此，亦不適用於不翻耕栽培的作物。而容易受水害的土壤或原本就比較硬的土，也不適用不翻耕栽培。基本上，旱田土壤最好要「翻耕」。

翻耕的深度與土壤微生物的數量

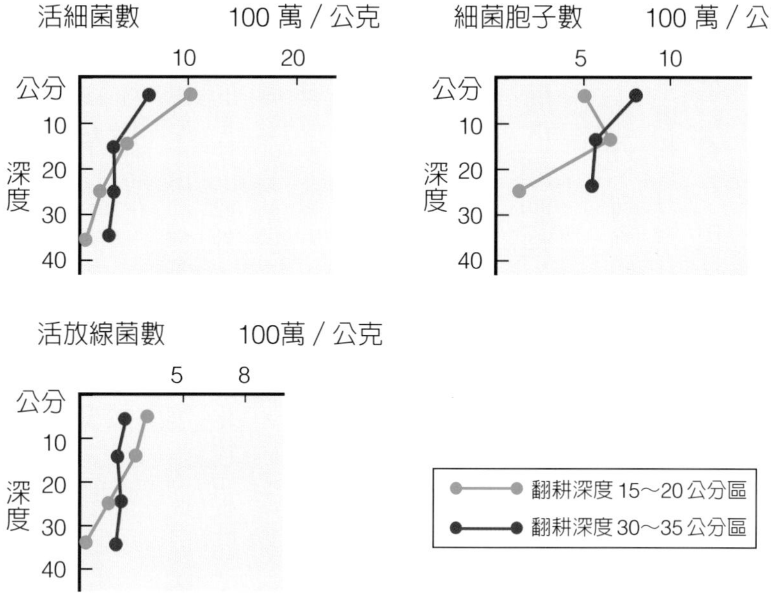

（資料：渡邊嚴「田畑的微生物們」農文協）

不翻耕與深耕土壤內根與土壤微生物的分布

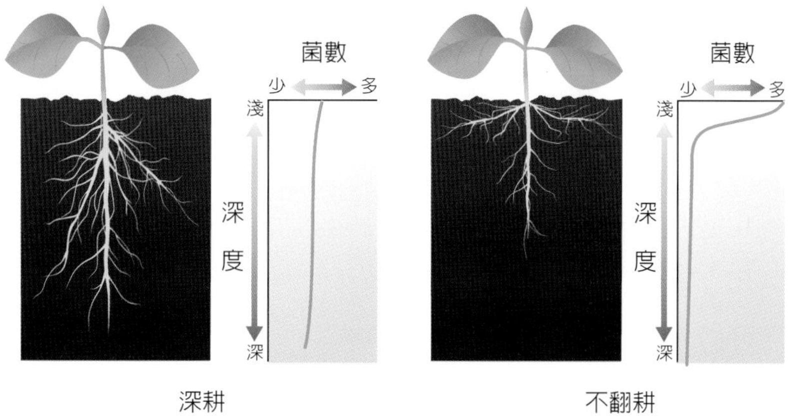

（資料：西尾道德「土壤微生物的基礎知識」農文協）

旱田土壤微生物的問題

旱田土壤常見問題

不管日本的旱田土壤所處的地點與性質如何，都是屬於易受到氧化與風化。原因如下4種：

①由於土壤中鈣和鎂含量很少，容易因降雨與施肥過多而酸化。

②由於土壤經常處在氧化狀態，因此有機物質分解的很快。此外，由於硝酸化作用很旺盛，氮肥會轉變成易溶於水的硝酸鹽，而氮素會滲透到地下與在表土流失。

③容易因強風與大雨而發生土壤侵蝕現象。

④因經常連續種植相同的作物，容易發生連作障礙。

高度依賴肥料

此外，與水田的土壤相比，處於氧化狀態的旱田土壤較容易消耗肥力，且也無法寄望透過灌溉水等供給養分。因此，旱田栽培的作物對肥料依賴度比土壤中所含的養分高。根據埼玉縣園藝試驗站進行的實驗，在不施用肥料條件下葉菜類的產量會減少65%，根莖類蔬菜的產量會減少35%。另外，比較三要素的影響，氮素對葉菜類與鉀元素對根莖類蔬菜影響最大。

在這種旱田耕作下，土壤養分受到很大的影響。

如何改良旱田土壤？

爲了克服上述的旱田土壤問題，以下的改良與對策具有效果：

【氧化對策】在降雨量多的日本，因下雨造成鹽基類流失而使多數土壤pH值偏低，透過施用石灰質材料具有改善土壤的效果。但是，施用時必須特別注意鹽基類物質間的平衡。

【磷酸改良】黑土施肥後會因磷酸與土壤中的鋁或鐵結合而不易溶化，特別是在新的旱田中磷酸改良比較有效（在礦質土壤中不太需要改良）。若與有機物質合用時效果會更高。

【有機物質的施用】爲了改善微生物特性與物理性，以每年10公頃爲單位一年施用1～2噸優質堆肥會產生效果。此外，將作爲綠肥而栽培之玉米等禾本科作物翻耕到土壤，同時具有輪作與供給有機物質的兩個優點。然而，過量使用未成熟的有機物質與劣質堆肥時，卻會減少土壤微生物的多樣性，因此需要注意。

【客土】在保水力低與保肥力低的砂質土壤中，混入含優質黏土的土壤。可將土壤改良成團粒構造發達的土壤。

旱田土壤的問題點

① 容易氧化

酸性的雨水與施用硫酸銨等酸性化肥，土壤會逐漸變酸

② 有機肥料分解快速，氮肥容易流失

由於好氧性微生物的旺盛，有機物質的分解快速，與水田相比必須施用大量的有機物質。而因硝化菌數量很多，氮肥會轉變成易溶解之硝酸鹽，易於向地下水等處流失

③ 土壤容易發生侵蝕

由於有許多平緩的斜坡，會因風與雨使土壤容易飛散、流失

④ 發生連作障礙

如果持續種植相同的作物，會發生營養失衡，因根部分泌出有害成分，且害蟲與病原菌的增加，導致連作障礙容易發生

利用有機物質資材維持地力

依區域有不同的分解速度

維持土壤肥力最重要的措施是，施用堆肥等有機物質。在有機物質被土壤微生物分解過程中，會產生作物生長所必須的土壤條件。

有機物質被分解的速度，受到「有機物質的質」與「地溫」有很大的影響。由於有機物質在室內耕地與較溫暖的耕地中，比露天耕地與較寒冷的耕地容易分解，因此需要施用更多的有機物質。

維持土壤肥力所需的堆肥量是多少？

爲了使棲息在土壤中的微生物能維持活力，必須透過將碳元素氧化以獲得能量（呼吸作用）。因此，土壤中碳元素的形態會不斷變化。

調查在不施用有機物質每年栽培二期作物之農田內碳的循環，每年消耗481公斤的碳素。而自作等供給土壤的碳，如作物殘體與根等，是245公斤。換句話說，從481公斤扣除245公斤，每年有236公斤的碳素是來自農田所提供。爲了保持土壤肥力，所消耗的部分必須透過堆肥等有機物質的補充。

因此，堆肥的施用標準依指導機構編成了各區域的施用標準。在下一頁爲依作物種類列舉堆肥的施用量。

作物種類與堆肥施用的重點

作物種類施用堆肥的重點如下：

【水稻】 由於氮肥施用量過高時，植株易倒伏且品質會下降，所以氮含量高的雞糞與豬糞不適合。在潮溼地常會有還原異常的因素，所以要注意使用量。

【蔬菜】 露天栽培的蔬菜每期作10公畝使用的牛糞堆肥標準爲1噸。如果是同一塊田耕作兩期的施用量1噸可施用2次。

【室內蔬菜】 由於是集約栽培，爲了土壤物理性的改良與保全，所以要施用優質完熟的堆肥。一期作10公畝的施肥標準爲2噸。此外，因室內不種作物的空窗期很少，最好不要使用未完熟的堆肥。

【果樹】 由於氮素供應過量會對果實的色澤與含糖量產生不良影響，因此不要過量施用含有大量飼料成分的堆肥。此外，如果有未分解的木材，會導致病原菌與害蟲增殖，要注意可能會導致白紋羽病的發生。

【飼料作物】 常施用大量糞尿，是形成氮素累積過量與養分不平衡的原因。不僅是導致土壤環境惡化，也會影響家畜的健康，因此要注意不要施用過量。

作物栽培所需有機物質之大約量

	微生物一年中所消耗土壤有機物質的量（公斤）	維持所需有機物質的量（噸）
水田	50	0.5
蔬菜田	150	1.5
果園	100	1
室內	200	2

註：此為在牛糞堆肥（含水量 50%）的情況下所顯示有機物質的量。此為一個粗略的例子，各區域與作物種類所需的有機物質的量不同

作物種類堆肥之施肥標準例子

（以10 公畝為單位）

作物種類		稻桿堆肥	動物糞便堆肥＊		混合木屑動物堆肥＊＊
			牛	豬、雞	
水稻	乾田	1 噸	1 噸	0.5 噸	0.5～1 噸
	半溼田	0.5 噸	0.5 噸	0.3 噸	0.5 噸
一般作物	農田	1 噸	1 噸	0.5 噸	1 噸
蔬菜	露天	1 噸 / 作	1 噸 / 作	0.5～1噸	1 噸 / 作
	室內	2 噸 / 作	2 噸 / 作	1噸 / 作	2 噸 / 作
果樹	柑橘	1～2 噸	1～2 噸	0.5～1 噸	1～2 噸
	落葉樹	1～2 噸	1～2 噸	0.5～1 噸	1～2 噸
飼料作物		1～2 噸	3～4 噸	1～3 噸	3～4 噸

＊動物糞便堆肥：表示以家畜糞便為主，不含木屑之堆肥。作為水分調節材料，包括咖啡渣與無機材料的混合物

＊＊混合木屑動物堆肥：不分家畜種類而作為水分調節材料，並混合 30% 體積以上的木屑與木粉之堆肥。亦包括混合大量稻殼的堆肥

農藥、化學肥料及微生物

農業與重金屬汙染土壤

從1940年代開始所開發的農藥，促進了農產品的穩定生產，但化學藥劑卻造成土壤惡化。雖然目前使用殘留性低的安全農藥，但醋酸苯汞（1968年禁用）、DDT及BHC等有機氯劑，在因禁止使用後的農藥殘留與工廠廢棄物等對土壤造成汙染仍然是一個問題。

雖然「土壤汙染防治法」（成立於1970年）有嚴格的規定，但仍然可以看到土壤汙染，包括受鎘汙染的水田，爲此淨化技術與處理措施仍在研究中。

土壤消毒對微生物的影響

當土壤病害蔓延時，土壤消毒可說是「最終手段」，在含氯系列物質，特別是以化學農藥方式進行燻蒸消毒時，因硝化細菌容易完全被消滅，在施用後無法將銨轉換成硝酸，農作物可能會發生氨中毒現象。此外，由於銨離子具有與鉀離子相同的大小，所以會有類似造成銨離子過量的情形，與鉀離子過量一樣會發生微量元素的吸收受阻礙（但太陽能消毒、蒸汽消毒、透過施用易分解性有機物質、利用土壤微生物活性進行還原消毒等，被認爲是對土壤微生物多樣性影響輕微之土壤消毒方式）。

此外，消毒後的土壤中，繁殖速度快的菌類會優先恢復，進而以這些菌類爲中心而導致種類單純化，這被認爲會引起微生物多樣性的顯著破壞。在土壤剛消毒後，可以作爲食物之死亡菌類的殘體非常豐富，而菌類之間的競爭也較少。因此，當消毒後土壤中有生長快速的病原菌殘存或自外部進入時，會快速繁殖。在消毒後的土壤中，最好不要對土壤持續進行消毒，不然會伴隨產生土壤病害的風險。

施肥過量導致土壤荒廢

如果能充分施用堆肥，會增加土壤的緩衝能力，但在不施用堆肥的情況下，持續進行多肥料栽培，則將導致土壤肥力明顯下降。另外，若氮肥過多時，會累積過量的硝酸使土壤的pH值降低，導致土壤荒廢，甚至亦會發生氣體危害。

當旱田施用尿素肥過量時，會引發土壤微生物多樣性的顯著降低，在氧化狀態下會產生一氧化二氮氣體與氨氣。當水田施用硫酸銨過量時，在還原條件下會產生硫化氫氣體。像這種施肥過量的方式，對農業產生持續性的危害已愈趨明顯。

土壤消毒導致硝化細菌死亡與生長障礙

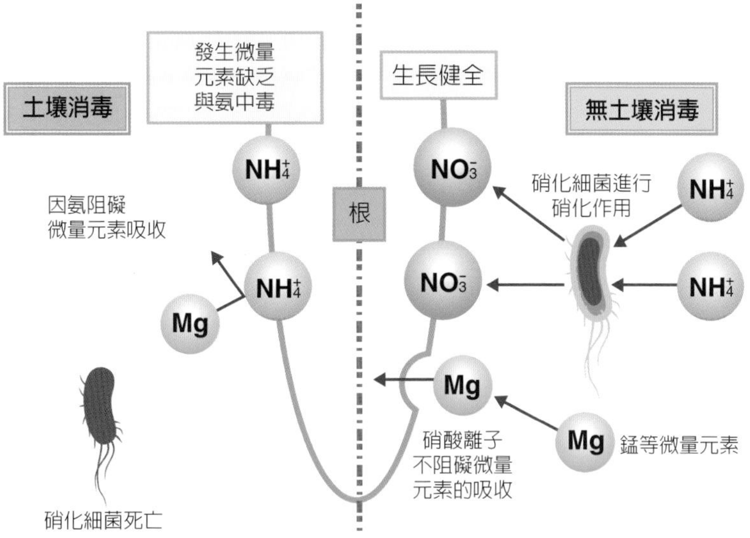

（資料：西尾道德「土壤微生物的基礎知識」農文協）

施肥過量的害處

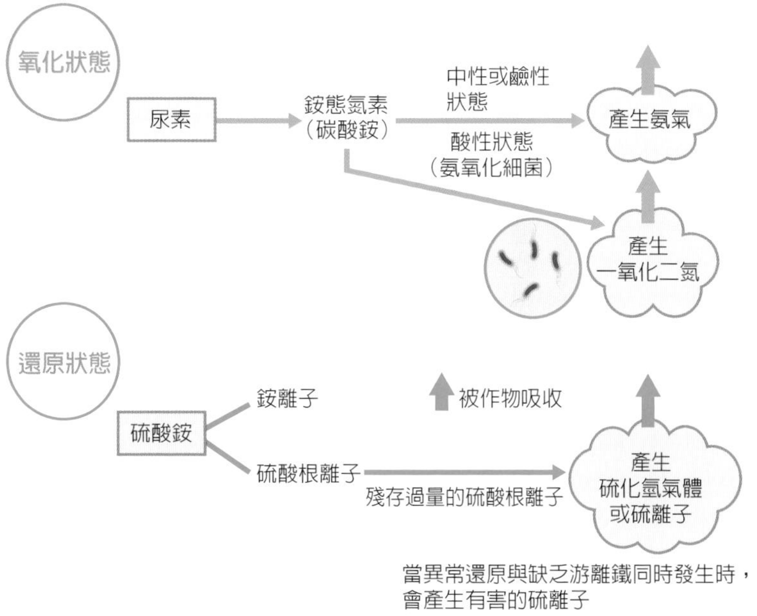

（資料：藤原俊六郎「新版 圖解 土壤的基礎知識」農文協）

連作障礙與微生物的關係

什麼是連作障礙

每年在同一地區種植相同的作物被稱爲「連作」，眾所皆知，長期連作會使作物生長變差，更容易受到病蟲害的影響，導致產量與品質降低。在江戶時代被稱爲「嫌地」（忌地，意思是討厭作物的土地），現在因連作發生的不良結果稱爲「連作障礙」。爲了提高作物的生產效率而將生產區域集中或將栽種設施擴大時，不可避免的常常會將高經濟性的作物連續種植，而成爲了一個嚴重的問題。

連作障礙的原因

引起連作障礙主要原因包括，①由於土壤的理化性惡化導致生理障礙；②由於土壤中微生物多樣性減少而減少對病原菌的抑菌效率；③土壤病原菌或土壤害蟲的危害；④由植物分泌而來之毒素引起的危害等等。

同樣種類的作物被連續栽種時，會因土壤微生物相的生物性降低與單純化而使生態系變得不穩定，導致侵入根部的菌類在根部繁殖→能在殘根上殘存→感染新根並繁殖，透過這種反覆循環使病原菌累積。特別是蔬菜栽培期比普通農田作物（6個月）短，一年連作2～3次並不少見。理所當然，因爲自收穫到下期種植的時間越短，在殘根上的病原菌死亡的就越少。這件隨著連作而使病原菌加速累積，如：有害的線蟲與鐮胞菌等。

此外，植物會從根部排出對其他植物或本身的有害物質。在下頁的表格中，是調查各種植物在生長旺盛時的水耕液，會對這些作物幼苗的生長造成多大影響程度。很明顯，任何作物生長後，水耕液對本身生長是最差的。這會造成土壤化學環境的惡化，進一步促進了微生物生態系的不穩定，並加速讓病原菌成爲優勢的狀態。

連作障礙的對策

針對線蟲與鐮胞菌等土壤病原菌、害蟲之對策，可將作物的殘體與殘根自田間清除，若情況很嚴重時，可進行土壤消毒（如果可能的話，希望選擇儘量不會對土壤微生物有很大影響的土壤消毒法，詳見第132頁）。而爲了抑制來自植物的有害物質累積，需更換栽培作物，並施用優質的有機物質使微生物的活性增高，進而分解造成作物生長不良的物質。此外，在同一塊田，亦有將水田與旱田於3～4年進行交換，轉換水田爲旱田的方法。

於作物之間根系分泌物對生長的影響程度

受測作物 分泌（水耕液）	番茄	茄子	豌豆	大豆	小麥	大麥	陸稻	水稻
番茄	**75**	97	98	95	86	93	111	110
茄子	82	**75**	94	88	107	90	112	99
豌豆	87	83	**84**	91	83	83	83	99
大豆	100	92	96	**90**	105	100	100	98
小麥	78	85	97	86	**83**	80	79	84
大麥	105	83	106	100	91	**89**	78	95
陸稻	93	99	99	105	116	104	**77**	72
水稻	100	118	95	106	123	101	94	**93**
對照（自來水）	100	100	100	100	100	100	100	100

註1　水耕液為將煮沸後的自來水冷卻後，僅調整 pH 並作為生長期作物 2～3 日之水耕培養液後，將該水耕液以過濾方式收集而成。透過使用該溶液，對每種作物的幼苗進行水耕培養，溶液每 3 回更新一次，在培養 9～12 天後進行生長調查

2　表中的數據為當對照組（自來水）是 100 時所得的重量百分比

（資料：渡邊巖「田畑的微生物們」農文協）

水田與旱田輪換的好處

水田

3～4 年
交換

旱田

水田		旱田
還原	土壤	氧化
厭氧菌	微生物	好氧菌
死亡	連作障礙（土壤病原菌）	積蓄
流失	養分積蓄	鹽類累積
積蓄	土壤有機物質	分解
好水性種類	雜草	好乾性種類

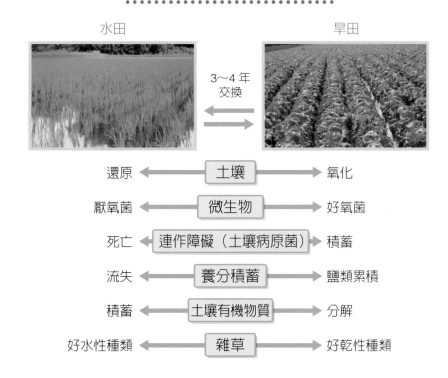

土壤動物（微生物）的有效利用

微生物也喜歡的「葉菜類混植」

推薦初學者一種想從事無農藥有機栽培的方法——活用微生物進行「葉菜類混植」。此方法有各式各樣的操作，例如：將茄子、番茄、胡瓜等果菜類種植存活後，將各種葉菜類的種子混合並全面撒播成密植狀，最後翻土覆蓋。在翻土過程中田裡的雜草會消失，在第2～3天後葉菜類種子會在田裡一起萌芽。這就是葉菜類混植。

此種方式的效果包括：①抑制雜草的發生；②防止土壤溫度突然上升或下降，可穩定收成；③防止乾燥；④防止雨水引起的土壤反彈，抑制病害的發生；⑤可培育天敵抑制蟲害的發生；⑥可減少紫外線，幫助土壤有用微生物的活動，因土壤團粒化而提高排水、保水力（增加肥力與提高肥效）；⑦由於各種植物根系分泌之有機物質的效果，可促進土壤中微生物的多樣性、增加活性、活化生態統、安定化等。

增加蚯蚓堆肥的持久力！

雖然已在第9章介紹了蚯蚓的優良功能，但令人驚訝的是有國家能因蚯蚓堆肥而提高了糧食的自給率，那就是古巴。

古巴在蘇聯解體後，斷絕了目前爲止對蘇聯依賴進口的糧食與和農業資材。因此古巴舉全國之力推行都市農業。這個活動所依據的根本，就是使用蚯蚓的蚯蚓計畫。

古巴現在是世界數一數二的有機農業大國，都市居住的民眾在自宅的庭院與屋頂，像市民農園一樣自給自足栽種有機蔬菜，並普遍利用蚯蚓處理後生成的廚餘堆肥。這種活動也影響了日本的有機農業，在日本的農地與想成爲家庭菜園之地都可使用蚯蚓堆肥。

採集蚯蚓的重點

如要採集生活在農田的大型陸生蚯蚓，首先用手進行挖土後，小心鬆開土塊與根，並用手或鑷子採集蚯蚓，同時放入含60％酒精溶液的容器中保存。

若想採集小型陸生蚯蚓與水生蚯蚓，可利用溼篩法。首先將採集到的土壤與枯葉等用麻布包裹，浸泡於含水的漏斗內，並從上方照射電燈加熱（爲使水面溫度在3小時後變爲42℃，可調節電燈的強度和高度）。3小時後，自漏斗底部一點一點地將水轉移到扁平的容器中，馬上用滴管或針頭將蚯蚓挑起到別的容器中（60％乙醇溶液）保存。

葉菜類混植的情形

任何混植用之葉菜類種子都可以播種，像價格便宜的油菜與小松菜的種子，或是自家採收的種子都可隨便做密植撒播

蚯蚓堆肥

蚯蚓堆肥成為古巴糧食危機的救星。在古巴城鎮的各地方都設立了農業諮詢處，同時也販售蚯蚓堆肥與蚯蚓體液的液肥

活用蚯蚓於環境保全

●推薦給一般家庭！簡單又不容易失敗的廚餘處理法

最近，使用蚯蚓處理家庭廚餘的家庭正在增加中。處理方法有很多種，其中有能簡單做到又不會失敗的方式，在家庭中容易實踐的「區塊方式（Block Bit）」。

需準備的東西爲：①混凝土塊（全部固化的數量）、②烤肉用的金屬網、③椰纖（在日本百元商店等販售的「增殖培養土」。4個區塊大小約需 1～2 袋）、④赤子愛勝蚓（建議初學者自專門養殖業者購買500 公克以上）、⑤使用熊手（耙子）將蚯蚓與土壤混合（鏟子容易傷害蚯蚓所以不好）。由於初期費用低，通常成本不高，僅在小空間內即可半永久性地進行廚餘處理，是最大的魅力。處理量也比較多。

●就從今天開始來試試看！

製作蚯蚓區塊的方法如下：

① 確定置放場所與大小（避免陽光直射），將土壤挖出到約混凝土塊高度的一半。

② 將烤肉用金屬網置於混凝土塊的底部（防止蜘蛛侵入），並用混凝土塊放在四周。

③ 將椰纖放回水中，並置放到②中間。

④ 準備不要的桌板等，覆蓋到蚯蚓區塊。

⑤ 放入蚯蚓。

⑥ 倒入垃圾。

注意：不要放入太多蚯蚓吃不完的垃圾。確定所倒入廚餘的量不會腐敗。 雖然不是絕對必要，但如果把報紙或碎過的碎紙片鋪在表面，蚯蚓就會跑到土壤表面吃廚餘。若感覺水分很多時，也可以利用報紙等進行調整。

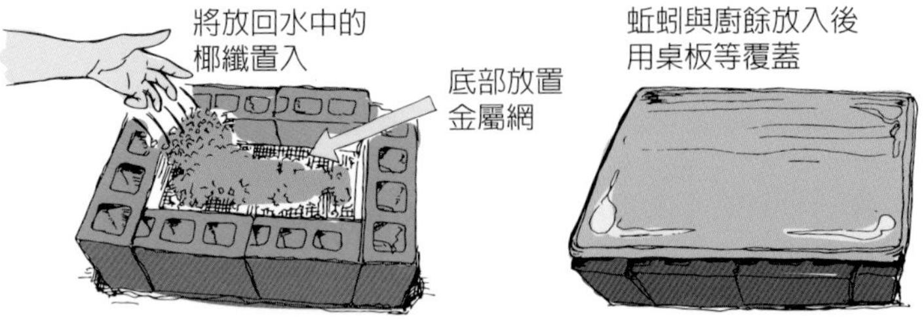
將放回水中的
椰纖置入
底部放置
金屬網
蚯蚓與廚餘放入後
用桌板等覆蓋

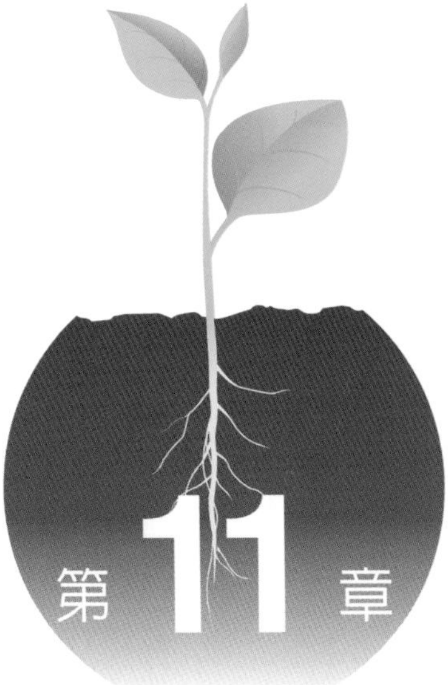

第11章

活用土壤微生物的最前線

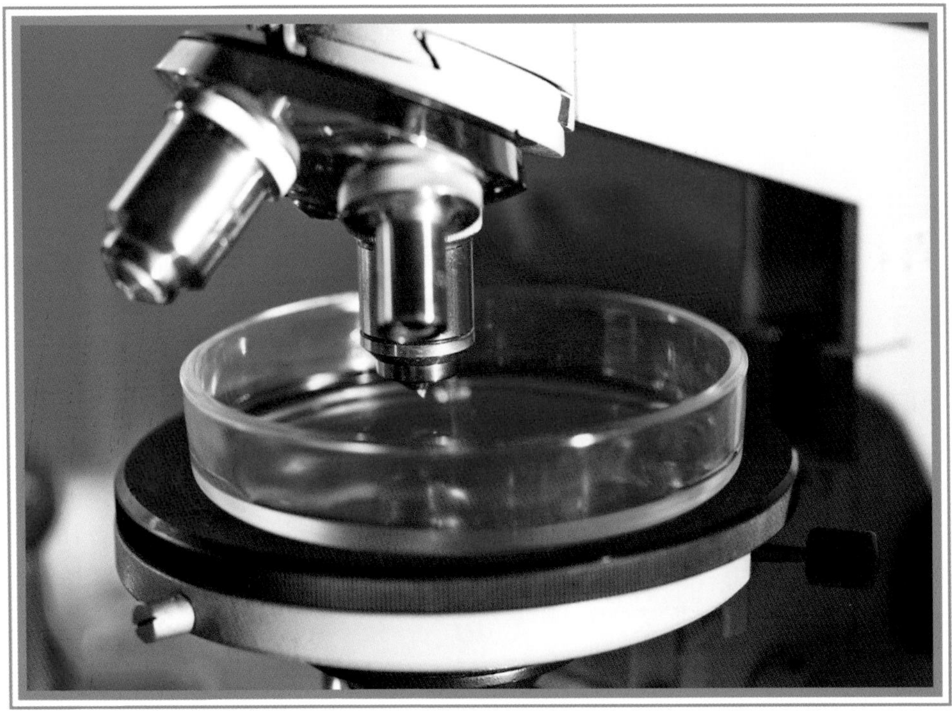

土壤微生物在醫藥上的恩賜

土壤微生物產生的抗生素

「抗生素」是在20世紀初被發現，帶來了醫學上的重大變革。當然，除了可以治療傳染病外，也可作爲農藥來使用，目前用於治療疾病的多種抗生素，最初是由土壤微生物產生。最初於1942年（昭和17年）實際應用於世界的有效抗生素青黴素（盤尼西林），也是來自土壤眞菌 *Penicillium*（黴菌）所產生的。

具抑制微生物增殖作用的抗生素，是土壤微生物能在土壤中生存競爭具優勢地位的「武器」。此外，土壤微生物產生抗生素的原因，不只是作爲讓菌類活躍增殖，還具有保護當取食殆盡而停止繁殖，並進入休眠狀態的功能。此特性被認爲，因休眠中的微生物最容易受到攻擊，所以抗生素具有保護自己不受敵人攻擊的作用。

人類健康的新威脅

雖然抗生素於現代醫療上已不再是主要的，但是由於使用非常普及，並造成具攻擊性的病原菌發生變異，而產生了對抗生素效果具有耐性的突變基因（抗生素耐性菌）。因此，對人類健康有嚴重的威脅。

依據世界衛生組織（WHO）的報告，對多種抗生物素具有多重抗藥性細菌（爲了治療感染徵狀而用於人體的多種抗生素對這類的細菌沒有效果）不是對未來的預測，而是已很清楚對公共衛生有重大威脅。

目前抗生素可以說是「最後堡壘」，若抗藥性菌株增加，將會回到過去數十年治療時常見的傳染病與輕微受傷，變成無法治癒而喪命的時代。爲了防止這種情況，現在全世界各地都在進行相關研究。

土壤微生物可能扮演抑制的功能

抗生素耐性菌株擴散的原因，被認爲是細菌具有將耐抗生素的遺傳基因，轉移到其他細菌的能力。但在最近，由華盛頓大學醫學院的研究人員所發表的新研究中指出，一直棲息在土壤中的細菌擁有大量可對抗抗生素的基因，且明白表示這些基因互相轉移的可能性很低。

雖然仍在研究中，但這項研究成果可能對抑制抗生素耐性菌株提供了主要線索。

現在開發醫藥的希望再次託付給「土壤之中」。

土壤微生物與醫療

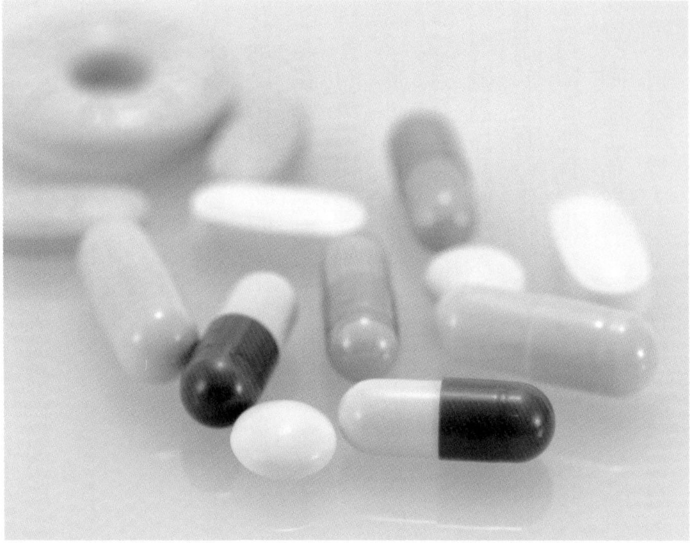

在醫療方面帶來了重大革新的多種抗生素，是由土壤微生物產生的

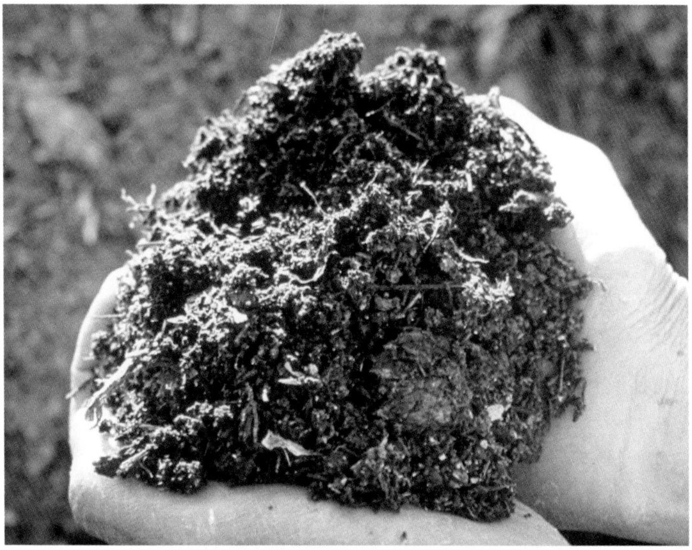

最近的研究證實，土壤微生物可能具有再次抑制抗生素耐性菌類的功用

以技術保護環境

利用微生物進行環境淨化技術備受矚目

此技術即使在有工廠與建築物存在之下也可以淨化，與挖掘清除汙染物相比成本較低（約十分之一），近年來，利用厭氧性微生物作爲土壤與地下水之汙染淨化技術的生物復育（Bioremediation）案例一直在增加。

生物復育有如下的兩種類型：

①生物刺激法（Biostimulation）（活化原本存在於該地區之微生物的淨化技術）。

②生物強化法（Bioaugmentation）（透過導入外部培養的微生物進行淨化的方法）。

此外，亦包括使用植物淨化土壤的植物復育（Phytoremediation）。

雖然目前使用最多的是生物刺激法，但由於不適用於沒有微生物的地方（日本國內約30％的土壤受到揮發性有機化合物的汙染），因此對生物強化法的關注正在提高。

自外部導入原本不存在的微生物時，會擔心目標土壤中生態系的平衡，在實際操作時，會制定淨化業務計畫與監測土壤微生物相等來評估對生態系的影響，雖需要有部長的確認，但已有實際操作的例子，對未來能廣泛使用有很高的期待。

日本是石油生產國!?

以生物資源作爲原料的生物燃料，燃燒後不會增加大氣中的二氧化碳（CO_2），這一種可再生的能源受到了矚目。

然而，以玉米等作物作爲原料時，無法迅速增加栽培面積，且還會出現穀物價格飆高的不安。因此作爲生物燃料研究而受到注目的是藻類。利用其旺盛的繁殖力，從大量培養的藻類中榨油，可取代石油。

如果以玉米作爲生物燃料的原料，取代世界上所有的石油需求，其耕作面積是現在全球耕作面積的14倍，但藻類的培養不需任何的耕地，因此對糧食生產可說幾乎沒有任何不便。

此外，透過最新的破碎技術，可將原料粉碎成奈米級的程度，因此過去不可能做到將木材與難分解有機物質進行甲烷發酵也變得可能了。另由於傳統的有機物質發酵效率顯著提高，新甲烷燃料的時代即將開始。

由於發現藻類是世界上最優異的燃料生產者，因此日本以藻類原料作爲生物燃料的研究，已成爲世界領導地位，再加上新的甲烷發酵技術，所以日本成爲石油生產國的日子即將來臨。

環境保護與土壤微生物

生物復育的分類

生物復育
（利用微生物等作用對土壤、地下水等的淨化技術）

- **生物刺激**
  （活化棲息在復育地點之微生物的淨化技術）
- **生物強化**
  （導入外部純化培養之微生物的淨化技術）
- **植物復育**
  （使用植物淨化土壤等的技術）

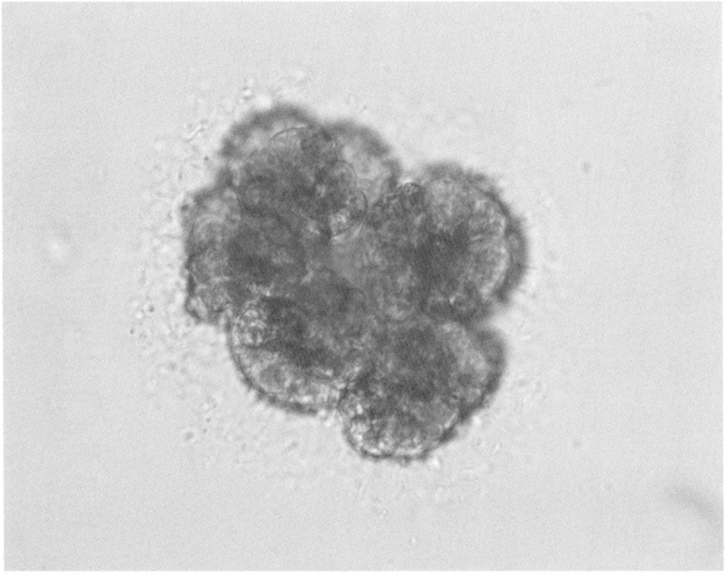

作為生物燃料之原料的先驅藻類。日本發現了世界上燃料生產率最高的藻類，成為了國內外藻類研究領域的翹楚（照片是綠藻的一種，*Botryococcus*）

將土壤微生物利用於農業

什麼是「微生物農藥」？

微生物農藥是指，從自然界普遍存在的微生物中，篩選出具有「保護植物不受病原菌侵入的微生物」與「保護植物不受害蟲侵入的微生物」的製劑，日本農林水產省大臣會依據農藥管理法接受登記使其成為農藥。

微生物農藥的特點是：①是原本就存在於自然界的微生物，對自然環境影響很小，不需擔心對使用者與家畜是否有影響。②因對要防治的病蟲害有獨特作用，因此對目標以外的生物影響較小。③在使用化學農藥的情況下，病蟲害的抗藥性可能會因長久使用而導致效果逐年降低，但由於微生物對目標病蟲害的作用性複雜，因此不易產生抗藥性（幾乎沒有抗藥性產生的例子）。

微生物農藥的種類和功能

微生物農藥主要可以細分為以下種類：

【微生物殺菌劑】 先奪取病原菌要感染的作物並引起病害定會發生之處（作物表面與作物內部），來干擾病原菌的活動，進而預防作物被感染。

【微生物殺蟲劑】 讓粉蝨、蚜蟲、天牛等取食作物後附著在害蟲的體表，且直接通過害蟲的表皮寄生在體內。微生物可利用害蟲體內的水分和養分來進行繁殖，最終殺死害蟲。

【微生物除草劑/微生物植物生長調節劑】 使早熟禾等雜草體內產生黏性物質，透過干擾植物營養與水分循環來殺死雜草。

利用微生物探索新農業

2010年（平成22年）在名古屋舉行的第10屆生物多樣性公約締約國大會（COP 10）上提到「生物多樣性」，全世界都推崇要充分利用在農業中生物的複雜關聯性。其中微生物「內生菌」可進入植物體以促進其生長，且可以保護植物免受病蟲害，其成為改變肥料與農藥之次世代農業的關鍵，因而受到矚目。

此外，主要的納豆菌（*Bacillus subtilis*）等，被認為是微生物生態系最下層的微生物，若將其導入土壤中時會使微生物生態系呈現多樣化、活性化及安定化，能提高農地的生產性與持續性，甚至植物的根圈會因活性化而培育出高品質的作物，目前在日本很多農地已經開始進行了。

微生物農藥的效能

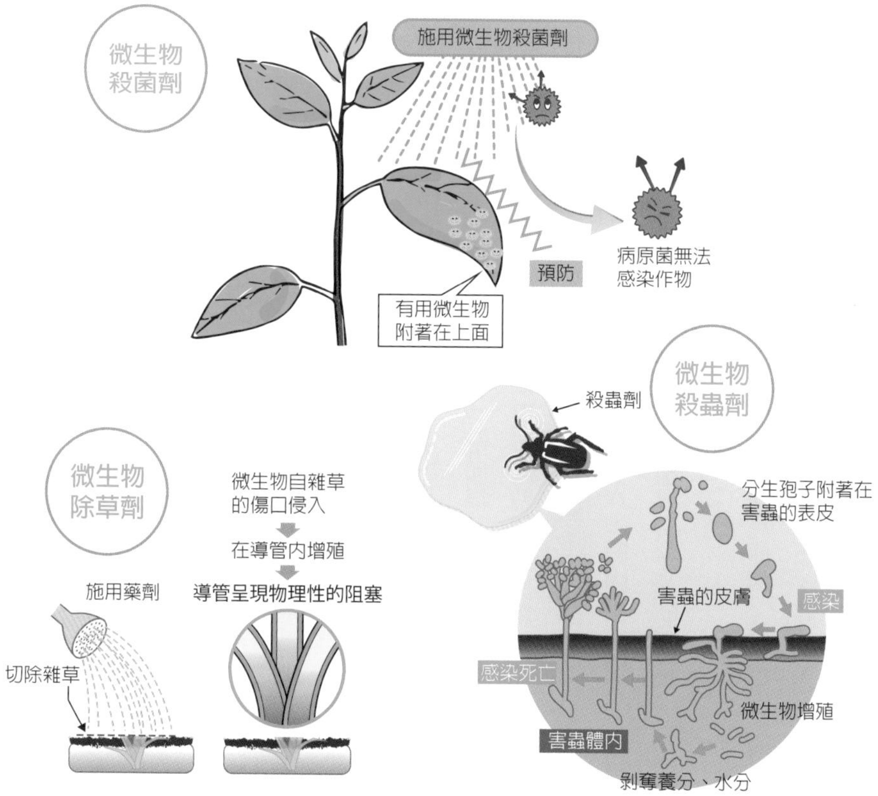

納豆菌增加微生物！

照片是比較有施用納豆菌資材之農地種植的茼蒿與沒有施用之農地種植的茼蒿根部。右側的茼蒿是有施用納豆菌資材「Dr. Bacillus」（AP Corporation 有限公司）所種出來的。照片中的數字是每個農地內土壤微生物多樣性之活性值（第40頁）。當微生物越多時，根就越大越健康

（照片：（株）AP Corporation 有限公司）

未來被期待之最尖端研究

微生物生產塑料之研究

２０１４年（平成26年），日本理化學研究所（RIKEN）發表透過將構成植物成分木質素的分解物提供給微生物後，可成功合成一種生物性塑料聚羥基烷酸酯（polyhydroxyalkanoate，ＰＨＡ）。

被稱爲無法利用之非糧食類生物質的木質素，是由植物細胞壁中大量含有之芳香族化合物組成的高分子化合物。在這些成分中，由於含有微生物細胞內合成之ＰＨＡ前趨物的成分，因此理論上可以將木質素作爲衍生物的原料而生產ＰＨＡ。

但是，由於低分解性，且分解所得分解物質對微生物等有其毒性，因此被認爲很難再做利用。然而，以理化學研究所爲主的研究團隊，克服了上述問題並成功合成了ＰＨＡ。所獲得的ＰＨＡ，與由糖、植物油爲原料所合成的ＰＨＡ相比，雖其分子量略爲偏低，但具有作爲塑膠膜等塑膠製品的物質。

這個成果，將以非糧食類物質作爲原料，其生產之生物塑料的實用化邁出了重要的一步。同時，被認爲難以利用之木質素，於透過微生物促進物質生產的方面有其重要意義。

利用線蟲早期發現癌症？

２０１５年（平成27年），日立股份有限公司之製作所與九州大學共同發表可早期發現癌症的檢查實用化技術。這個研究結果被「最佳展開支持計畫」（A-STEP）所採用，到２０１８年時被認爲推動可檢測到最早癌症之設備的開發。而這個設備的關鍵是線蟲。透過精密圖像分析，約１００隻線蟲運動的設備，可發現體長爲1毫米的線蟲會聚集於癌症患者的尿液。

對抑制醫療費用亦有貢獻

雖然目前尚未達到可對癌症類型區分的程度，但檢討超過３００位患者與健康的人共同檢查的結果，可確認癌症是否存在的準確度高達90％以上。

這個圖像分析是應用日立製作所的大數據分析技術，每次檢查費用約爲1萬日元，檢查時間約爲１小時。目前，有些癌症檢查費用超過10萬日元。如果透過該技術就能從癌症初期階段開始進行治療，應可抑制醫療費用，進而提升對其實用化的期待。

微生物所帶來的光明前景

來自石油的塑料（照片）存在資源枯竭與廢棄物處理問題，且會因焚燒排放引起溫室效應氣體等。生物性塑料，可作為有潛力的候補替代材料而受到關注

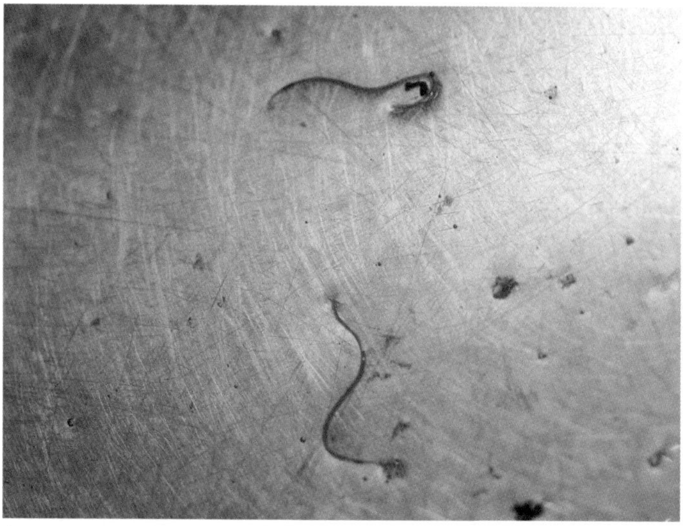

對早期發現癌症有貢獻而受到期待的 *Anisakis*，是屬於 Anisakidae 科 *Anisakis* 屬線蟲的通稱，為寄生於海洋動物身上的寄生蟲

用語解說

為了解土壤微生物世界之基本用語的說明。每個用語後面的數字，表示相關頁數，請一起參考。

叢枝（Arbuscule）菌根菌（AM菌根菌） → 72

一開始是透過草本植物發現，是幾乎可與所有陸生植物的根共生的眞菌（黴菌），爲菌根菌中最常見的種類。AM菌根菌與根瘤菌不同之處，在於一種AM菌根菌可與多種植物共生。菌絲可侵入根部的皮層細胞，會像樹枝一樣伸展，形成「叢枝狀體（Arbuscule）」。此外，除叢枝狀體外，由於在細胞間隙中也會形成袋狀「囊狀體（Vesicle）」，有時候會取上述各英文單字的首字母稱爲「VA菌根菌」。

亞硝酸氣體障礙 → 56

在硝化菌的一連串硝化作用階段中途停止時，其中間產物亞硝酸鹽會累積，進而對作物產生有害的現象。亞硝酸鹽的累積是導致作物生長不良的原因。在溫室內的作物於栽培過程中容易發生亞硝酸氣體障礙。

***Azotobacter*（固氮菌）** → 36、120

可固定大氣中氮氣的微生物稱爲固氮菌，固氮菌分兩種，分別爲與植物根部共生的微生物，及單獨生長的微生物。前者稱爲「共生固氮菌」，後者稱爲「非共生固氮菌」。*Azotobacter* 屬的細菌是非共生固氮菌的一種，屬好氧菌，對自然界中的氮素循環扮演著重要角色。

硫酸還原菌 → 58

是透過將硫酸還原成硫化氫而獲得能量的細菌。而硫酸還原菌除了氫外還利用乳酸等有機物質來獲得能量，屬於非常特殊的細菌，被稱爲「自營的異營性微生物」。代表的硫酸還原菌爲脫硫弧菌屬（*Desulfovibrio*）。

硫磺細菌 → 10、58

爲透過將硫磺與硫化氫等氧化與還原硫而獲得能量的細菌，分別被稱爲「硫氧化細菌」與「硫還原細菌」，統稱爲「硫磺細菌」。

硫氧化細菌 → 58

硫氧化細菌分成兩個種類，分別爲利用氧氣將硫化合物氧化之好氧性化學合成自營性細菌（無色硫磺細菌），與在厭氧條件下透過光合作用氧化硫化氫等的光合成硫磺細菌（紅色硫磺細菌、綠色硫磺細菌）。無色硫磺細菌的代表是*Thiobacillus* 屬的細菌。

病毒 ↓28、86

由具遺傳訊息之核酸（DNA或RNA）與蛋白質鞘組成的病原體，只能在活的寄主細胞內增殖。大小爲0．02～0．3微米，比細菌還小，只能用電子顯微鏡觀察。雖然具有遺傳基因與增殖能力，但不具有稱爲細胞的結構，因此常不被認爲是生物的一群。

ATP（三磷酸腺苷） ↓16、46

是一種具有三分子磷酸的化合物，附著於腺苷（由腺嘌呤與核糖組成的核苷）的核糖（糖），並在生物體內廣泛存在。當1分子磷酸結合與分離時，會進行能量的儲存與釋放。所有眞核生物都利用ATP作爲能量來源。

化學合成自營性微生物 ↓54、56、58

透過無機物質氧化與光能來獲得能量的微生物，其碳源是將二氧化碳固定合成有機物質的微生物，故稱爲自營性微生物（獨立營養微生物），其中利用無機物質氧化獲得能量的微生物稱爲「化學合成自營性微生物」。化學合成自營性微生物有幾個種類，代表性的是硝化菌、硫磺細菌、硫酸鹽還原菌、鐵氧化菌、甲烷氧化菌、氫氧化菌等。

黴菌 ↓12、14、26、82

眞菌的一種，具有菌絲與孢子。菌絲的寬度爲3～10毫米，肉眼可以看到生長的菌絲體。根據不同的形態，黴菌大致分爲「藻菌類」、「接合菌類」、「子囊菌類」、「不完全菌類」及「擔子菌類」。

蕈類 ↓12、26、50、70

眞菌的一種，與黴菌相同以菌絲生長，透過形成孢子來增殖。爲了產生孢子而形成複雜構造（子實體）。蕈類的傘與柄是子實體的一部分，由絲狀菌絲特化而成。蕈類具有可以分解不易被黴菌與細菌分解之有機物質的性質，如樹木的細胞成分木質素等。

共生寄生微生物 → 44

侵入其他生物活體體內並獲取有機物質之微生物。

共生固氮菌 → 36、74

可固定大氣中氮氣的微生物稱爲固氮菌，在固氮菌中，與植物根部共生的微生物稱爲共生固氮菌。與豆科植物共存的根瘤菌，和與非豆科植物共生稱爲「*Frankia*」的代表是放線菌。

菌根菌 → 44、68、70、72

與眞菌（黴菌和蕈類）共生的根被稱爲「菌根」，而與根共生的眞菌稱爲「菌根菌」。菌根基本上被認爲是植物的根部。菌根可分成幾種類型，如叢枝菌根、外生菌根、內生菌根、蘭科菌根、水晶蘭類菌根、日本鹿蹄草型菌根、杜鵑類菌根等。

眞菌 → 10

有時爲了與細菌區別而將其稱爲「眞菌」，指的是所謂的黴菌、酵母菌及蕈類，屬於眞核生物，具有細胞壁，透過無性與有性生殖來繁殖。基本上菌絲會伸長並形成孢子。在眞菌中，透過菌絲生長的眞菌等微生物被稱爲「黴菌」，但由於酵母菌不以菌絲來生活，因此不包含在黴菌中。

原核生物 → 10、12

遺傳物質的ＤＮＡ無核膜包覆，且細胞中沒有核的生物被稱爲原核生物，包含細菌與藍綠藻。相反，細胞中具有核的生物被稱爲眞核生物。原核生物大致分爲眞菌與古細菌，古細菌具有比眞菌更接近眞核生物的特性。

厭氧菌 → 18、46、48

在沒有氧氣的情況下能生長的微生物。絕對厭氧菌（也稱爲偏性厭氧菌）是在氧氣存在下不能生長的微生物，只有部分土壤細菌屬於這一類，其中的梭菌屬，是甲烷生成細菌等之代表性的例子。而兼性厭氧菌（也稱爲條件厭氧菌），是在有沒有氧氣下也可以生長的微生物，並依氧的存在與否，分別利用發酵與呼吸來獲取能量。在土壤中棲息的大多數細菌都屬於這一類。

原生動物 → 10、12、28

在單細胞生物中，生態像動物一樣之生物的通稱，但由於沒有明確的分類標準，現在所表示的是一種大略群體的稱呼方式。包含像阿米巴（*Amoeba*）一樣用細胞質流動而移動的「肉質蟲類」、像眼蟲以鞭毛移動的「鞭毛蟲類」、或像草履蟲身體表面覆蓋纖毛的「纖毛蟲類」等。

好鹽菌 → 18

是一種只能在高於特定鹽濃度下生存的微生物，而依據在不同鹽濃度下生長可分成「非好鹽菌」、「微好鹽菌（低濃度好鹽菌）」、「中度好鹽菌」及「高度好鹽菌」。大多數土壤細菌屬於非好鹽菌，而多數海洋細菌屬於微好鹽菌。中度好鹽菌生存在含鹽食品等環境中。高度好鹽菌需要在20～30%的鹽濃度中，主要棲息在鹽湖與鹽田等環境。

好氧菌 → 18、46、48

爲在有氧環境下生長的微生物。土壤中的大多數黴菌都屬於這一類。可以分爲在無氧條件下絕對無法生存的「絕對好氧菌」，及可在低氧濃度條件下生長的「兼性好氧菌」。兼性好氧菌與兼性厭氧菌具有相同的含義。

光自營性微生物 → 16

與植物相同，可利用光能進行二氧化碳同化的微生物。除與植物相同的機制進行光合作用產生氧氣的藻類與藍綠藻外，還存在與植物不同的反應過程行光合作用而不產生氧氣的光合細菌。光合細菌包括紅色硫磺細菌與綠色硫磺細菌。

紅色硫磺細菌 → 60

是一種可利用光能進行二氧化碳同化之絕對厭氧性光合細菌，並使用硫化氫等代替水進行光合作用。主要棲息在湖泊、水田、硫磺溫泉等硫化氫存在而無氧有光之厭氧環境中。*Chromatium* 屬的細菌是代表例子。在紅色硫磺細菌中，也存在著可利用有機物質的光異營性細菌。

紅色非硫磺細菌 → 60

是一種可利用光能進行二氧化碳同化的光合細菌，與紅色硫磺細菌和綠色硫磺細菌不同，紅色非硫磺細菌是利用有機物質，而不是利用硫化氫等無機物質進行光合作用，故被歸類在光合異營性微生物。紅色非硫磺細菌屬於兼性厭氧菌，在厭氧條件下進行光合作用，在有氧條件下不進行光合作用，而是利用有機物質透過呼吸獲得能量。*Rhodospirillum* 屬的細菌是代表例子。

抗生素 →8、24、140

由微生物產生，爲抑制其他微生物等活體細胞生長與功能之物質的通稱。抗生素主要由放線菌產生，如鏈黴素、康納黴素、四環黴素等。由黴菌等眞菌所產生的抗生素，如青黴素、頭孢菌素等，而由細菌產生的抗生素則包括，桿菌肽、多黏菌素等。抗生素不僅用於醫藥，嘉賜黴素與維利黴素亦可作爲農藥使用。

酵母菌 →8、14、26

眞菌的一種，基本上是屬於單細胞生物。與黴菌和蕈類不同，不會產生孢子，而是以細胞出芽的方式分裂增殖。由於酵母菌可將碳水化合物發酵，並自葡萄糖產生乙醇，因而可利用這種作用，來生產啤酒與葡萄酒等酒精飲料及製造麵包等。

呼吸系統 →46

爲自有機物質獲得能量的過程中，發酵系統所產生的丙酮酸可利用氧氣將其完全氧化，並分解成水與二氧化碳的反應過程。

根圈 →64

根部周圍的土壤，與外側土壤之營養成分、pH值、水分含量等環境條件不同。這一類根周圍的土壤稱爲「根圈土壤」，而包含植物根與根圈土壤在內的土壤稱爲「根圈」。

根瘤菌 →36、74

與大豆等豆科植物共生，爲可在根部產生很多直徑爲1至數毫米被稱爲「根瘤」之瘤狀物的細菌。根瘤菌可將空氣中的氮氣固定，將氨轉換成植物可以吸收的胺基酸（空氣中氮素固定），並提供植物所需的氮素成分。反之，根瘤菌可自寄主植物獲得作爲能量來源的糖分。

細菌 →12、14、22、84

也稱爲Bacteria。屬於原核生物的單細胞生物，遺傳物質之DNA無核膜包覆。原核生物大致分爲眞菌與古細菌，但在一般情況下通常指的是眞菌。細菌的大小通常約爲1微米，也有較大介於10～100毫米大小的細菌。細菌依其形狀可分爲「球菌」、「桿菌」、「螺旋菌」等。大多數細菌是以二分法來生長增殖。

硝化菌 →16、38、56

在中壤中可將銨鹽氧化成亞硝酸鹽或硝酸鹽之化學合成自營性

微生物。可分成將銨鹽氧化成亞硝酸鹽的「氨氧化細菌」，與將亞硝酸鹽氧化成硝酸鹽的「亞硝酸鹽氧化細菌（硝化細菌）」兩種。而將銨鹽變爲硝酸的一系列反應稱爲「硝化反應（硝化作用）」。氨氧化細菌的代表例子是亞硝化單胞菌屬（*Nitrosomonas*），而亞硝酸鹽氧化細菌的代表例子是硝化細菌屬（*Nitrobacter*）。

食物鏈 → 32、118

草食性動物吃植物，肉食性動物吃草食性動物，能分解生產者（植物）與消費者（動物）殘體而取食的微生物。因此，所有生物都建立在「吃」與「被吃」的關係，而這種關係被稱爲「食物鏈」。食物鏈是所有物質循環的原動力。

坋粒 → 42

介於黏土粒與砂粒之間的土壤顆粒。從土壤顆粒大小來看，顆粒直徑大於2毫米爲「石礫」、2～0・2毫米爲「粗砂」、0・2～0・02毫米爲「細砂」、0・02～0・002毫米爲「坋粒」、0・002毫米以下稱爲「黏粒」。

真核生物 → 10

細胞具有包覆核之細胞核膜的生物稱爲眞核生物。另一方面，細胞中沒有細胞核的生物稱爲原核生物。在土壤微生物中，除細菌與藍綠藻外的微生物（眞菌、藻類、原生動物）全都是眞核生物。

氫氧化菌 → 58

爲利用將氫氧化過程獲得能量之化學合成自營性細菌。

生態金字塔 → 32

在食物鏈下方位置之生物個體小，但個數多；而上方位置之生物，則個體大但個體數少。以圖來呈現爲金字塔型，因此被稱爲「生態金字塔」。

世代時間 → 14

由一個細胞形成兩個細胞所需的時間（一個細胞分裂所需的時間）。原本是指細菌分裂所需的時間，然細菌以外其他很多生物也適用。

藻類 → 28、60

擁有葉綠素等色素，屬於可利用光能固定二氧化碳並產生氧氣之類型的光自營性生物，爲除苔蘚植物、蕨類植物及種子植物外的總稱，包含藍綠藻、硅藻、綠藻、褐藻等。藻類屬於眞核生物，但由於藍綠藻屬於原核生物，因此被歸類爲一種細菌。

耐久體 → 80

當寄主植物不在附近，或生長發育環境不良時，病原菌爲了能在土壤中長期存活，會產生稱爲「耐用體」的器官並進入休眠生活。在耐久體中常會看到眞菌的「厚膜孢子」，具有在不良環境條件下生存的能力。當寄主植物又在附近出現，且生長發育環境變好時，耐久體就會覺醒，並開始活動。

脫氮菌 → 38、48

可利用硝酸鹽中含有的氧成分進行呼吸，並產生氮氣與一氧化二氮氣體的微生物。大多數脫氮菌屬於兼性厭氧菌，在有氧氣的條件下不進行脫氮作用，而是利用氧來獲得能量，如果在沒有氧氣但有硝酸或亞硝酸鹽的情況下，可透過將硝酸或亞硝酸鹽還原成氮氣或一氧化二氮氣體來生長。脫氮菌可將硝酸鹽以 NO_3^- → NO_2^- → NO → N_2O → N_2 還原，並將氮氣釋放到大氣中。

團粒結構 → 42、94

由土壤粒子聚集而形成團粒的土壤構造。爲與單粒結構比較而使用的名詞。由於單一粒子間可形成細小孔隙（間隙），而團粒間可形成大孔隙，因此透過彼此間的相互作用，形成具有優異的保水性、透氣性及排水性的土壤。

固氮 → 36

爲將大氣中的氮素轉變成無機氮化合物（氨、硝酸鹽、二氧化氮等）的反應，包含與豆科植物共生的根瘤菌及與日本榿木根系共生可產生根瘤的放線菌（*Frankia*）等的「共生固氮」，和 *Azotobacter* 與光合細菌等的「非共生固氮」。

氮素的無機化與有機化 → 38、50

當土壤微生物利用氮含量高的有機物質作爲營養源的時候，可能會導致氮素在細胞內過量。在這種情況下，會有將細胞內的無機氮素成分（氨態氮）釋放到細胞外的作用，稱爲「氮素無機化」。另一方面，當製造細胞成分所需的氮素，因自有機營養源中獲得的氮素不足時，會將土壤中的無機氮素吸收到體內，並於細胞內進行核酸與胺基酸等有機物質，被稱爲「氮素有機化」。

鐵氧化菌・鐵還原菌 →58

利用將二價鐵離子氧化成三價鐵離子時獲得的能量，進行碳同化的化學合成自營性細菌稱爲鐵氧化菌。另一方面，將三價鐵離子還原爲二價鐵離子的化學合成自營性細菌稱爲鐵還原菌。

土壤有機物質 →42

是指土壤中所有的有機物質。土壤有機物質由動植物的殘體與其分解產物之「非腐植質」，與黑色無定形的高分子化合物「腐植質」所構成。

生物復育（Bioremediation） →8、142

是透過生物的作用分解與去除有害物質，並淨化被汙染環境的技術。例如，透過微生物的作用改善受汙染的土壤，或透過植物吸收去除有害重金屬的技術。利用微生物進行的生物復育，包含有活化原本就存在的微生物來淨化的技術（Biostimulation，生物刺激法），與導入外部所培養微生物來淨化的技術（Bioaugmentation，生物強化法）。此外，利用植物進行土壤淨化等技術稱爲植物復育（Phytoremediation）。

白色腐朽菌 →50

從蕈類吸收營養的方式，可區分爲分解落葉與枯枝等，及死亡生物細胞的「腐朽菌」，和在樹本根部共生的「菌根菌」。在腐朽菌中，利用木材的被稱爲「木材腐朽菌」，而在木材腐朽菌中，包括將木材轉變成白色的「白色腐朽菌（香菇、舞茸等）」，與將木材轉變成褐色的「褐色腐朽菌（層孔菌、多孔菌等）」。白色腐朽菌具有分解木材中含量很多卻難以分解之木質素的性質。

發酵系統 →46

自有機物質獲得能量的過程中，在無氧條件下進行，醣類被不完全分解以獲得能量的反應過程。

發酵食品 →8

透過利用微生物的特性，將食材發酵後所製成之食品的通稱。包含有各式各樣種類的食品，如啤酒、清酒、燒酒、葡萄酒等酒精飲料，醬油、味噌等大豆發酵食品，鰹魚（柴魚）等水產發酵食品，優格、起司等乳製品，其他如麵包與醬菜等。

光合自營性微生物 →54、60

自無機物質氧化與光能獲得能量，碳素源是透過固定二氧化碳合成有機物質的微生物，被稱爲自營性微生物（獨立營養微生物），其中從光獲得能量的微生物稱爲「光合自營性微生物」。光合自營性微生物包括光合細菌、藻類、藍綠藻。

非共生固氮菌 →36

在固氮菌中，不與植物根共生，而是獨立生長的微生物被稱爲非共生固氮菌。包含好氧性固氮菌 *Azotobacter*、厭氧性光合細菌（紅色硫磺細菌、綠色硫磺細菌等）等。

病兆 →80

病原菌的組織因在植物表面出現而發生的外觀異常。如大麥受白粉病感染後所出現的白色粉末（黴菌的菌絲與孢子）等。

病徵 →80

當植物受到土壤傳播性病原菌感染後產生的結果，植物的細胞與組織出現形態上的變化。病徵只出現在身體部分區域的被稱爲「局部性病徵」，而全身出現病徵的情形則被稱爲「系統性病徵」。局部性病徵的例子有斑點與褐變等，系統性病徵的例子有整株植物萎凋與枯死等。

腐植質 →42

在土壤中，透過微生物的作用可分解動植物的殘體等，而這些分解產物會進一步再合成，變成黑色無定形的高分子化合物。腐植質可與土壤顆粒結合形成團粒構造。

腐生微生物 →44

自沒有生命的物質，如動物與植物殘體等，獲取能量與營養的微生物。

物質循環 →32

於自然界中，在大氣、水、土壤、生物等之間流動的物質（碳素、氮素、磷、硫等）。由生產者、消費者、分解者所構成的食物鏈中，物質循環扮演著重要角色。

Frankia →36、74

可與豆科植物以外之植物的根部共生並產生根瘤，如日本榿木與楊梅，並將大氣中的氮氣固定的放線菌。*Frankia* 和可與特定植物組合之根瘤菌不同，同一種類的 *Frankia*，能夠與數種植物共存。

放線菌 → 12、14、24、86

具有介於細菌與黴菌之間的特性，與黴菌相同之處爲透過菌絲生長，並在其前端形成孢子，因爲與細菌同樣屬於原核生物，故被歸類在細菌。菌絲的寬度與長度都比黴菌短。大多數都棲息在土壤中，對分解植物殘體有很大的貢獻。許多抗生素，都是由放線菌產生的。

自營性微生物 → 16、54

自無機物質氧化與光能獲得能量，其碳源是透過固定二氧化碳來合成本身有機物質的微生物。也被稱爲「獨立營養微生物」。

黏膠層 → 64

自根尖（根冠附近）所分泌高黏度物質（包含多醣類、有機酸、胺基酸等），主要由像果膠質的多醣體組成。所分泌的黏膠層會覆蓋在根部表面，而土壤中的微生物會聚集在那裡。

無性孢子 → 14

不經過交配而是由一個孢子以無性的方式產生孢子，包含有「孢子囊孢子」、「分生孢子」、「厚膜孢子」等。

甲烷氧化菌 → 58、124

利用氧將甲烷分解成二氧化碳並獲得碳素源與能量，屬化學合成自營性細菌。

異營性微生物 → 16、44

活動時所需的能量，與變成細胞成分所需碳素源，是來自完全被合成之有機物質中獲得的微生物。也稱爲「從屬營養微生物」。

有性孢子 → 14

經由交配發生核融合與減數分裂而產生的孢子，例如：「接合孢子」、「子囊孢子」、「擔孢子」等。

藍綠藻 → 28、60

與植物同樣進行氧生成型之光合作用的光合自營性微生物。雖然藍綠藻是藻類的一種，也被稱爲「Cyanobacteria（藍綠藻）」，是一種單細胞生物，爲不具細胞核的原核生物，現在亦被歸類爲細菌這一群。

木質素 → 42、50

在植物的細胞壁中，含有很多木質素、纖維素、半纖維素等高分子聚合物。其中纖維素與半纖維素容易被微生物所分泌的酵素分解，但當木質素與纖維素或半纖維素結合時，結構會變得更堅固，因而很難以微生物將其分解成低的分子。由於樹木中木質素的含量占20～30%，因此樹木很難被微生物分解。然而，只有眞菌中的蕈類，具有分解木質素的作用。

綠色硫磺細菌 → 60

爲可利用光能進行二氧化碳同化作用的絕對厭氧性光合細菌，並利用硫化氫等代替水進行光合作用。在湖泊、水田、硫磺泉等硫化氫存在環境，且無氧條件下，於有光照處生長。*Chlorobium* 屬的細菌是代表的例子。

連作障礙 → 134

在農業耕地中，因同個場所重複栽種著同種作物，導致作物發生生長不良的現象。如番茄與茄子的青枯病，和白菜與甘藍的根瘤病等。

作者簡介

橫山和成（Yokoyama Kazunari）

尚美學園大學　尚美總合藝術中心副中心長，農學博士。

1959 年出生於和歌縣。於北海道大學大學院農學研究科修了（農學博士）後，曾到美國康乃爾大學農學及生命科學部、Boyce Thompson 植物科學研究所擔任訪問學者，經歷包括有北海道農業研究中心旱作研究部生產技術研究團隊長、（獨）研機構中央農業總合研究中心生產支援系統研究團隊長、情報利用研究領域上席研究員及現職。「NPO 法人生活者食安安心協議會」的代表理事。著作有「食は国家なり！日本の農業を強くする5 つのシナリオ」（ASCII 新書）等。

■照片提供（無特別順序，標題省略）

（株）DGCテクノロジー／（株）エーピー・コーポレーション／岐阜縣森林研究所／倉持正美／國立研究開發法人 森林總合研究所／奈良縣森林技術中心／（一社）農山漁村文化協會

■参考文獻

金子信博『土壌生態学入門』東海大学出版会、2007
土壌微生物研究会編『新・土の微生物（1）～（10）』博友社、1996～2003
中村好男『ミミズのはたらき』創森社、2011
西尾道徳『土壌微生物の基礎知識』農文協、1982
一般財団法人　日本土壌協会監修『図解でよくわかる　土・肥料のきほん』誠文堂新光社、2014
福田雅夫・他『微生物からのメッセージ』エンタプライズ、2001
藤原俊六郎『新版 図解 土壌の基礎知識』農文協、2013
堀越孝雄・二井一禎『土壌微生物生態学』朝倉書店、2003
渡辺巌『田畑の微生物たち』農文協、1986
「月刊　現代農業」農文協

國家圖書館出版品預行編目（CIP）資料

圖解土壤微生物 / 橫山和成著 ; 鍾文鑫譯.
-- 初版. -- 臺北市 : 五南圖書出版股份有
限公司, 2019.07
面 ; 公分
譯自 : 図解でよくわかる土壌微生物のきほ
ん : 土の中のしくみから、土づくり、家庭
菜園での利用法まで
ISBN 978-957-763-399-6(平裝)
1.土壤微生物
434.225 108005831

5N21

圖解土壤微生物

作　　者 — 橫山和成
譯　　者 — 鍾文鑫
編輯主編 — 李貴年
責任編輯 — 何富珊
內頁排版 — 賴玉欣
封面設計 — 姚孝慈
出 版 者 — 五南圖書出版股份有限公司
發 行 人 — 楊榮川
總 經 理 — 楊士清
總 編 輯 — 楊秀麗
地　　址：106臺北市大安區和平東路二段339號4樓
電　　話：(02) 2705-5066　傳　　真：(02) 2706-6100
網　　址：https://www.wunan.com.tw
電子郵件：wunan@wunan.com.tw
劃撥帳號：01068953
戶　　名：五南圖書出版股份有限公司

法律顧問　林勝安律師

出版日期　2019年7月初版一刷
2021年10月初版二刷
2024年11月初版三刷
定　　價　新臺幣380元

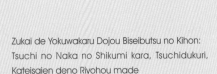

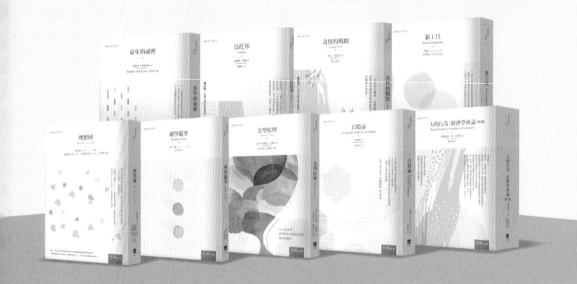